日本車は生き残れるか

桑島浩彰　川端由美

講談社現代新書

2617

はじめに

川端由美

GDPの1割を占める巨大産業

「日本の自動車業界は崩壊するのではないか」

そのような言説が、いつのころからか目立つようになった。

いうまでもなく、自動車産業は重工業・電気電子と並んで戦後の経済復興の立役者であり、重工業や家電メーカーが衰退しつつある現在は、日本経済を支える大黒柱的な存在である。日本自動車工業会（自工会）の統計によれば、自動車製造業の製造品出荷額は62兆3040億円とGDPの約1割を占める。全製造業の製造品出荷額に占める自動車製造業の割合は18・8％、自動車関連産業の就業人口は542万人に達する（2018年時点）。

日本のGDPの約1割を占める巨大産業の崩壊など想像もつかない。このコロナ禍の時代にあって、トヨタ自動車など一部のメーカーは、むしろ販売台数を伸ばしており、「自動車業界の危機など大嘘だ」と断ずる業界関係者や専門家も多い。

それでは本当のところはどうなのか。

日本の自動車産業は崩壊しない。ただし、戦い方のルールは大きく変化する。そして、新しいルールに適応できた企業だけが生き残ることができる。

これが本当の「解」である。

自動車産業変化の最大のポイント

それではどのようにルールが変更されるのか。ここでは概要だけ述べておきたい。

キーワードは、ここ数年で世界中に広がった「ＣＡＳＥ」だ。コネクテッド（connected）のＣ、自動化（autonomous）のＡ、シェアリング（shared）／サービス（service）のＳ、電動化（electric）のＥのそれぞれの頭文字をとったもので、２０１６年に開催されたパリ・モーターショーでダイムラー会長（当時）のディーター・ツェッチェが使った言葉として知られる（世界的にはＡＣＥＳ〔autonomous, connected, electric and shared mobility〕という言葉の方が一般的だが、本書では、日本で浸透した「ＣＡＳＥ」を使用する）。

日本の自動車業界では往々にしてＥ（電動化）やＡ（自動化）の開発が先行して話題になりがちだが、「Ｃ」「Ａ」「Ｓ」「Ｅ」を並列で眺めていると本質を見誤る恐れがある。

ここで6〜7ページの図1をご覧いただきたい。ＣＡＳＥの最大のポイントは、Ｃつまりコネクテッドによって自動車がＩｏＴ（Internet of Things＝モノのインターネット）の枠組みの中に組み込まれていくという点なのである。自動車というモノがインターネットにつながると、自動車を取り巻く世界は大きく変わることになる。自動車産業の本当の大変化はそこから始まる。

もともとはOA機器だったパソコンがインターネットにつながった結果、GAFA（グーグル・アマゾン・フェイスブック・アップル）に代表される無数のIT企業が生まれた。電話がネットとつながったスマートフォンの登場によって莫大な数のアプリケーションやサービス提供者が生まれた。これと同じ文脈で今の自動車業界はとらえられるべきなのだ。

図で確認しておこう。自動車がインターネットにつながる。いまの車に起こっていることはEの電動化とAの自動化であり、これは個々の車載の技術だ。そして、これから起きるのは、パソコンやスマホのように、「ネットにつながった車」から生まれるまったく新しい、そして膨大な数のサービス（モビリティサービス）であり、その一つがウーバーのようなライドヘイリング（配車サービス）である。この文脈でみれば、なぜGAFAのようなIT業界の巨人たちが自動車産業にこぞって進出しようとしているかがよくわかる。

この流れの中で、自動車はIoTの「oT」、つまり「ネットにつながったモノ」になる。その後、巨大なモビリティサービスの市場が次々と誕生していく。

まずはこの点を強調しておきたい。

図1：本当のCASEの意味

C（コネクテッド）、A（自動化）、S（シェアリング／サービス）、E（電動化）の4つの流れが本格化し、モビリティの変革期に突入する

移動体である自動車がつながるようになり、第三者が提供するサービスによってモビリティ産業が爆発的に拡大することになる

全体をつなげる技術
安定した回線を提供することで、
様々な産業がIoT化される
これまでに起きてきたこと
パソコン
スマホ
いま起きていること
E:電動化
A:自動化
個々の車載技術の開発
パソコンやスマホがインターネットにつながったことで、産業が爆発的に拡大していった

日本の自動車企業は「脱炭素」の動きに遅れたのか

このCASEの流れは不可避である。それではその結果、何が起こるのか。いろいろな答えがあるだろうが、最も大事なことは、次の点ではないかと私は考える。それは、従来の「自分の会社の技術を使って次世代の事業を考える」という時代から、「社会的な課題から需要のある事業とは何かを考える」時代に移っていく——点だ。

2021年1月、通常国会の施政方針演説で、菅義偉首相が「(国内販売車の電動化について) 2035年までに新車の販売は電動車100%を実現する」と表明し、自動車業界に激震が走った。菅首相はその前年、2020年の10月にも「2050年までに、温室効果ガスの排出を全体としてゼロにする、カーボンニュートラル、脱炭素社会の実現を目指す」と宣言したが、その具体的な策として自動車産業に直接言及した形だ。

詳細は第1章に譲るが、気候変動の抑制に多国間で取り組むことを謳《うた》った2015年のパリ協定採択以来、欧米や中国ではカーボンニュートラル(炭素の中立=地球温暖化の原因となる二酸化炭素の排出量を抑え、植物の吸収量とあわせてゼロにする)に熱心で、地域や国を挙げて自動車の電動化や代替燃料の利活用に取り組み、自動車産業の側も数年前から対応してきた。カーボンニュートラル、化石燃料の枯渇といった「社会的な課題」から需要のある仕事を考え、先手を打っていたのである。つまり、いずれはその流れが避けられないことは明らかだった。

それだけではない。人口減少による公共交通のドライバー不足を解消するための自動運転であったり、個人所有の限界から、シェアリングという新しい業態が生まれたりと、昨今の自動車産業をめぐる動きは、いずれも社会的な課題が起点となっている（次ページ図2）。だからこそ、本書の第2～5章で見ていくように、欧米あるいは中国の自動車産業は、自社の技術にこだわらず、ライバルとも手を組んだり、次々と積極的な買収を行ったりしてきたのだ。

翻《ひるがえ》って、日本ではどうだったろう。日本の自動車産業は、「モノづくり」という意味では今でも世界トップレベルの技術を持っている。だが、自社の技術力、自社のモノづくりにこだわり続けたあまり、「社会的な課題」から事業を考えるという視点がやや足りなかったのではないだろうか。だからこそ、菅首相の〝突然〟の表明に慌てているのではないだろうか。

モノづくりの思考回路から抜け出せない経営陣がいる企業では、「電動化の技術開発を急げ！」と檄《げき》が飛び、そのために技術者たちが夜を徹して開発するなどという時代錯誤の企業経営につながりかねない。必要なのは、電動化に関する自社の優れた技術よりも、社

図2：新しい事業化の流れ

自社の技術の延長で次世代の事業を考える時代から、社会課題起点で需要のある事業を構築していく時代に移行しつつある

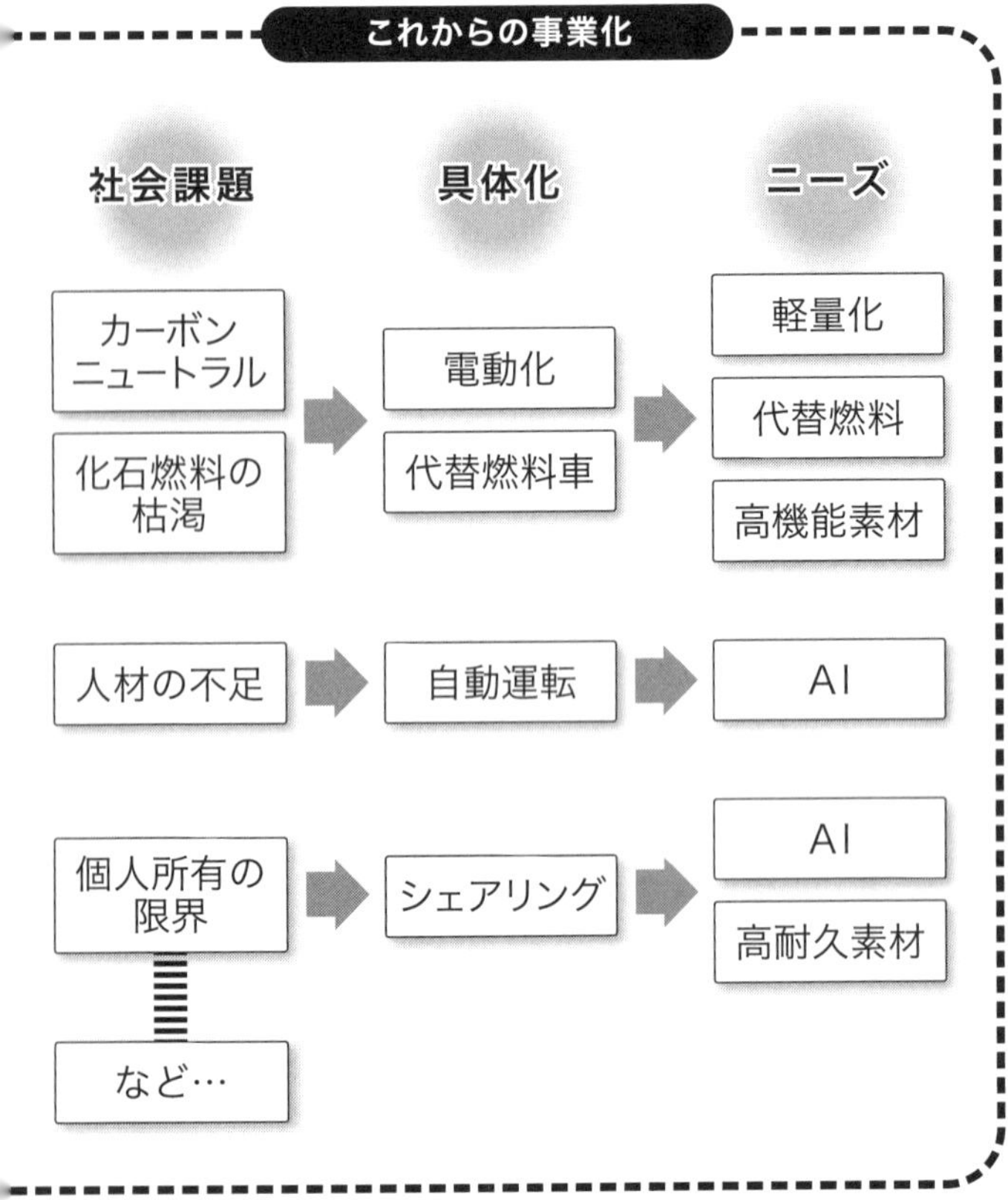

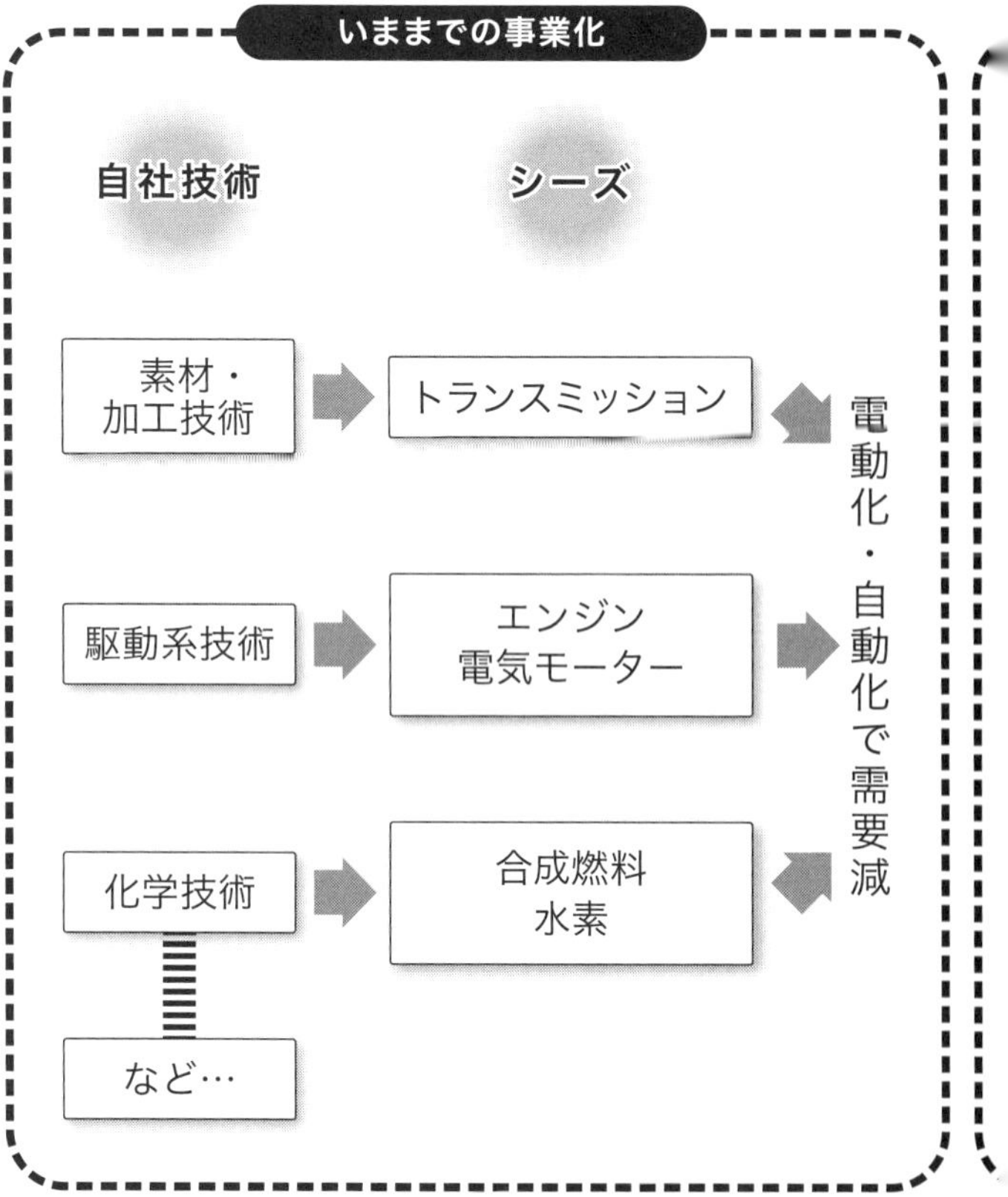

©Yumi Kawabata

会的な課題に気づかずに（あるいは気づきながらも自社の立場に慢心して）本当に必要な開発を怠り続けた経営陣の反省だろう（実は、電動車に必要な個々の技術は日本の企業が得意とする分野でもある。このあたりも第1章で触れたい）。

トヨタ自動車社長の真意

〈（日本自動車工業会は）2050年のカーボンニュートラルを目指す菅総理の方針に貢献するため全力でチャレンジすることを決定しました。ただ、画期的な技術ブレークスルーなしには達成は見通せず、サプライチェーン全体で取り組まなければ、競争力を失うおそれがあります。欧米中と同様の政策的財政的支援を要請したいと思います〉

菅首相の「2050年　カーボンニュートラル宣言」を受けて、日本自動車工業会会長の豊田章男氏（トヨタ自動車社長）が2020年12月に出した声明には、日本の自動車産業全体としての切実な思いが込められている。単なる電動化の技術開発やEV（電気自動車）の商品開発であれば、トヨタほどの規模の企業であれば、一社の努力で乗り越えられるかもしれない。だが、求められるのは地球環境問題という大きな社会課題に向けた解決策であり、欧米や中国と同様に、日本も国と産業が一丸となって活路を見出さなければならない。さもなければ、日本の自動車業界は世界的に競争力を失うだろう――そう言いたかったのではないだろうか。

ここで再び、冒頭の問いかけに戻ってしまう。

日本の自動車産業は、ここから国と業界が一丸となって日本経済の大黒柱であり続けるのか。それとも、世界の新しいルールに沿った動きを取れず競争力を失い、業界全体が崩壊へと向かってしまうのか……。本書は、世界の自動車産業の昨今の動きを詳述しながら、日本の自動車産業にいま求められているものは何なのかを解き明かそうとする試みである。

本書の構成

「そんな突拍子もないことを言うお前は一体何者なんだ」と言われてしまいそうなので、最後に簡単に自己紹介と本書の構成についてお話ししたい。

本書は私・川端由美と、桑島浩彰の2名で執筆している。

私、川端はエンジニア出身で、テクノロジーやエンジニアリングの視点から自動車の新技術や地球環境問題などを中心に取材活動を行うジャーナリストである。「戦略イノベーション・スペシャリスト」という肩書のもとに、複雑なエンジニアリングの世界を次代のビジネスにつなぐお手伝いもしている。もう一人、桑島はハーバード大でＭＢＡ（経営学修士）を取得、グローバルな企業変革、イノベーションの事例について研究を続けてきた。

現在は、企業戦略コンサルタントとしてシリコンバレー（サンフランシスコのベイエリア南部）を拠点とし、世界の自動車メーカー・部品メーカーの動向を調べ続けている。

第1章では、コネクテッドをはじめとする「CASE」の大波によって、これからの自動車産業がどのように変わっていくのか、そして、その結果何が起こるのかといった重要なポイントを「はじめに」からさらに深掘りする形で川端が示す。続く第2章から第5章までは、アメリカ（第2〜3章）、欧州（第4章）、中国（第5章）と地域別に区分した上で、それぞれの地域の自動車産業がCASEの新しい時代にいかに早い段階から適応しようと努めてきたかを桑島が活写する。日本で詳細が報じられることは少ないが、欧米・中国の自動車企業は必死になって変わろうとしているし、ライバルとの提携・合併や優良資産・部門の売却など大胆な動きを貪欲に行っている。その姿は、日本の自動車産業の遅れを図らずも映し出すことになるだろう。

最後の第6章では、再び川端が筆を執り、日本の自動車産業の現状、なぜ今までは変わらなかったのか、そしてこれから何が必要なのかを、一切の遠慮なしに書いてみた。

これだけは誤解のないように最初に申し添えておくが、本書の執筆は、「欧米では……それに比べて日本では……」という、欧米に比べていかに日本が駄目なのかということを語るような、いわゆる「出羽守《でわのかみ》」が目的では断じてない。そうではなく、日本の自動車産業も一刻も早く、垂直統合のモノづくり至上主義から脱却し、水平分業まで視野に入れた上で、モノづくり以上の付加価値を生み出すことで〝日本経済の大黒柱〟であり続けてほしいからこそ、書いておきたいと思ったものだ。

日本の自動車産業にはまだまだ戦える素地が残っている。

目　次

第3章 いま米国で何が起きているのか②
――シリコンバレーの襲来　桑島浩彰 ――――

文中一部敬称略

第１章　自動車産業はどう変わるのか

川端由美

「100年に一度」の変革期

　ドシーン、ドシーンと地鳴りを響かせながら巨人が走っている。前方の道は突然途切れて崖になっている。そのまま走り続ければ、奈落の底に真っ逆さまだ。周囲の道には「危険　脱炭素」「CASEに注意」といった、警告を発する看板が大きく掲げられている。にもかかわらず、看板に気づく様子のない巨人はそのまま崖に向かって突進していく。

「危ない！」と巨人に大声で警告しても、こんな答えが返ってくるかもしれない。

「大丈夫だ。俺は今まで自分のやり方で、ここまで大きくなった。だから、これからも同じやり方を続けていけば、絶対に大丈夫なんだ」

　現時点の日本の自動車産業を巨人にたとえるならば、そんな感じかもしれない。

　多少、「はじめに」の内容と重複するが、大事な点なので、いま一度語っておきたい。

　2015年に合意された「パリ協定」では、「世界の平均気温上昇を1・5℃に抑える努力をする」という目標値が定められた。これを受けて、ドイツでは2030年までのエンジン車廃止が連邦議会で採択（2016年）、フランスでも2040年までのエンジン車廃止を発表（2017年）している。イギリスでも、2035年までのエンジン車廃止をボリス・ジョンソン首相が宣言（2020年）したのち、2030年に前倒しする勢いだ。
ドナルド・トランプ前大統領がパリ協定を反故《ほご》にしたアメリカですら、カリフォルニア州では2035年までにエンジン車の販売を禁止する方針を打ち出した。ジョー・バイデン新大統領が就任すると、いち早く、パリ協定への再参加を表明したのは周知のとおりだ。中国でも、2035年までに新エネルギー車（EV〔電気自動車〕やPHV〔プラグインハイブリッド車〕などを指す）の販売比率を50％まで高める方針を打ち出している。

これに対して日本ではどうだったか。2021年に菅首相が声明を出す前までは、2030年までにエンジン車の販売比率を30～50％まで引き下げる「目標値」を掲げるに留まっていた。世界と比較すると〝緩い数値〟に映る。2019年の自工会の統計では、1年間の新車乗用車販売台数430万台のうち、EVはわずか2万台と全体の0・5％以下にすぎない。そういった現実を直視すると、EV車単体の普及で達成するのは、かなり険しい道のりとなる。「はじめに」でも示したように、日本の自動車産業は、環境の面でもCASE化の面でも、世界のライバルたちに大きく水を開けられているのが実情だ。

電動化でサプライチェーン全体が変わる

なぜ、日本はここまで出遅れたのだろうか？　その疑問を解くための例として、日本と同じ自動車大国であるドイツに目を向けてみたい。同国では、２０１０年の段階から電動化に向けた長期計画を練り、政府と自動車産業が一体となって、産業構造まで変えるような長期計画を実行に移してきた。２０１８年に発表された「ｅモビリティのためのナショナルプラットフォーム」（のちに「モビリティの未来のための国家プラットフォーム」に統合）では、モビリティの電動化を想定した上で、識者による委員会を結成し、産業構造の枠組みの変革までを早期から視野に入れていた。これには、電動化のみならず、自動運転、コネクテッド、代替燃料、交通システムといった幅広い分野が含まれている。

一口に電動化といっても、単にＨＶ（ハイブリッド車）やＥＶ（電気自動車）を普及させればいいという単純なものではない。従来の自動車産業は、トヨタやホンダのような、完成車を製造する完成車メーカー（ＯＥＭとも呼ばれる）を頂点とし、その下に１次下請け（ティア１）、２次下請け（ティア２）……といったサプライヤー（下請けとなる部品メーカー）が位置するヒエラルキー（ピラミッド型の階層構造）を形成している。車が電動化するということは、完成車メーカーのみならず、完成車に部品を供給するサプライヤーを含めた「サプライチェーン」全体を大幅に再編する必要が生じる。

これまで、自動車メーカー、特に完成車メーカーはエンジンを大量に生産する能力を持つことで、参入障壁を高くし、量産効果による膨大な利益を生んできた。また、エンジンの個性を際立たせることにより、差別化によるブランディングを行った結果、単なる足ではなく、嗜好品としての付加価値も生み出した。今後、電動化が進むにあたっては、どう差別化をはかるかが大きな課題となる。

加えて、電動化では電池のコストが大きくのしかかってくる。技術的には、高電圧を制御する技術、いわゆるパワーエレクトロニクスの分野も必要になる。欧州の自動車メーカーのEVは、従来の400ボルトから800ボルトへと電池の電圧を高めたり、補機類の電圧を従来の12ボルトから48ボルトまで高めたりしている。高電圧が車載されると、家電の世界で起こったノイズ対策も必要になる。簡単に言えば、家の中に電子レンジや大型テレビが入ってきた結果、一般家庭で契約する基本電力はうなぎ上りとなり、それぞれの家電が相互に悪影響を及ぼさないようにノイズ対策を行う必要に迫られた。それと同じことが、自動車にもあてはまるため、これも電動化に付随したコスト高にもつながる。

ガソリン車をEVに替えるというのは、自動車産業の構造を根本から変えてしまうほどのインパクトを持っているのだ。

官民協調で産業構造改革を進めたドイツ

「電動化」だけでも、サプライチェーン全体が変化するほどの大変化が起こるのは間違いない。ただし、それは氷山の一角にすぎない。どういうことか。

「はじめに」で、コネクテッドの重要性について述べた。4G LTEや5Gという通信インフラ（インフラストラクチャー）が整うに伴って、高速で移動する「自動車」という物体が、安定した状態で回線につながるようになる。ネットにつながっていなかった、いわゆるスタンドアローンの存在だった自動車がコネクテッドの世界に入るようになったことで、さらに大きな変革が生まれるのは確実だ。ユーザーがスマホで使えるような数々の便利な機能を、運転中も安全に使いたいという欲求の高まりに対応せざるを得ない。その結果何が起こるか。

ここで28ページの図3をご覧いただきたい。自動車（完成車）を製造する、巨大なヒエラルキーの頂点にいた完成車メーカーが、IoTのビジネスモデルになった途端に、単なるIoTとなり、彼らの影響が及ぶ「電動化」や「自動運転」の車載技術の分野を超えた、より巨大な「コネクテッド」の分野が誕生するのだ。それは情報通信インフラ、プラットフォーム、車載OS、ミドルウェア（OSとアプリケーションの仲立ちをするソフトウェア）、デジタルコンテンツなどを含む、インターネットを介した巨大な市場である。なぜ、GAFAをはじめとするIT企業が、こぞって自動車産業への進出を狙っているのか、この図からも一目瞭然だろう。

この流れをもっともはやく読んでいた国の一つがドイツだ。

ドイツ政府は、こうした自動車産業の構造変化を予測し、電動化と同時にコネクテッドカーの時代に備えた産業構造改革を国内自動車産業と協力して一気に進めようと考えた。

2019年11月、世界最大の自動車メーカー・グループであるフォルクスワーゲン（VW）が、ザクセン州にあるツヴィッカウ工場を丸ごと完全にEV工場に作り替えると発表したイベントでは、アンゲラ・メルケル首相が自ら登壇し、「次世代モビリティにおいてもドイツが自動車産業の主役となる」と高らかに宣言していた。EVに不可欠なリチウムイオン電池の開発に関しては欧州各国はやや遅れをとっているのだが、最大手の中国CATL（寧徳時代新能源科技）や韓国のLG化学といった電池に強いアジアの企業を、ドイツ車メーカーの生産拠点の近隣に誘致し、雇用を促進するといった動きもある。

加えて、ドイツでは、旧東側の産業支援策の一環として、自然エネルギー開発に力を入れてきた経緯もある。ドイツではすでに総エネルギーの約3割が太陽光などの自然エネルギーだが、EVの製造にそのエネルギーを活用できれば一石二鳥となる（ドイツの自動車産業の構造変革については、第4章でさらに詳しく述べる）。

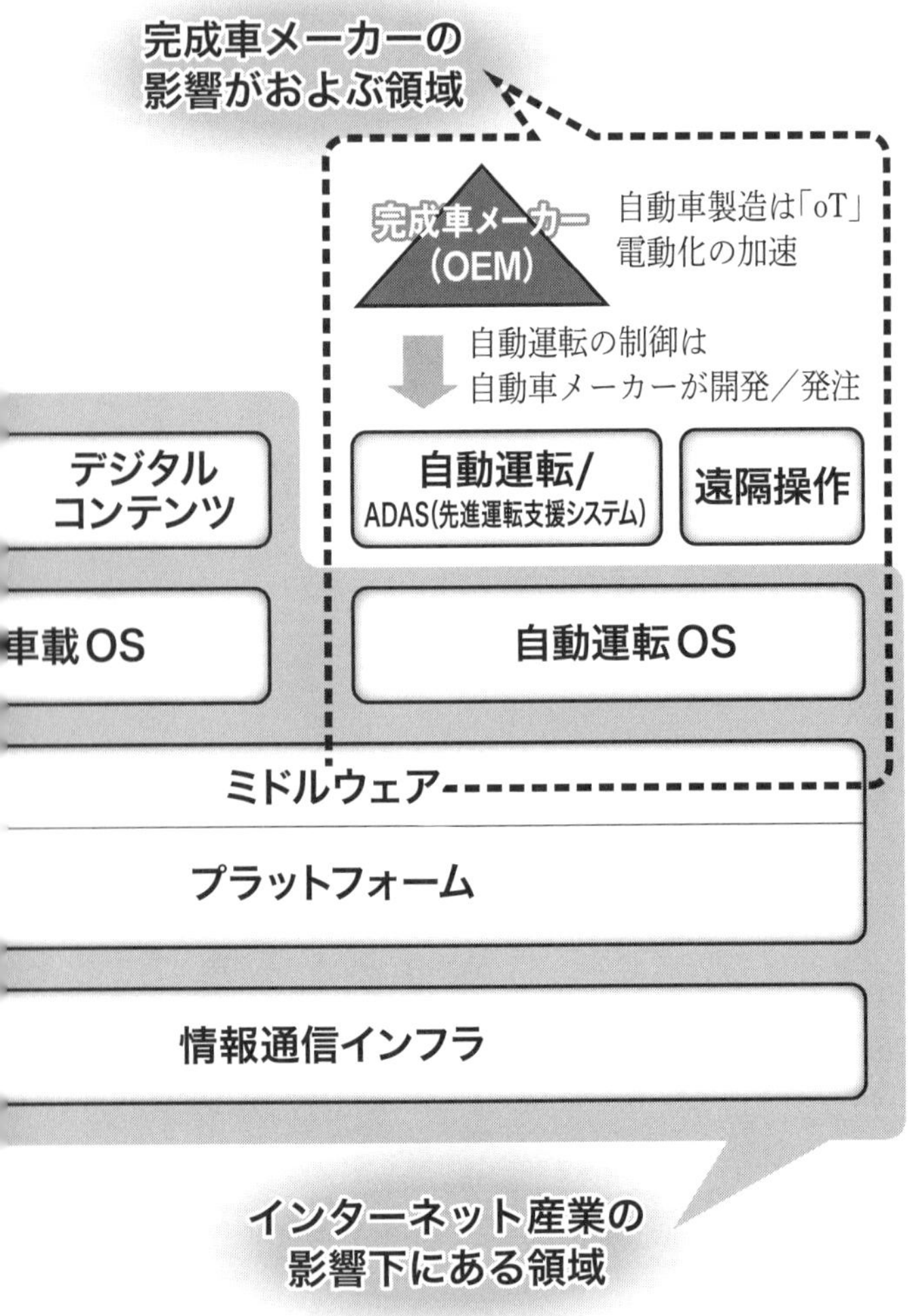
完成車メーカーの
影響がおよぶ領域
完成車メーカー
(OEM)
自動車製造は「oT」
電動化の加速
自動運転の制御は
自動車メーカーが開発/発注
デジタル
コンテンツ
自動運転/
ADAS(先進運転支援システム)
遠隔操作
車載OS
自動運転OS
ミドルウェア
プラットフォーム
情報通信インフラ
インターネット産業の
影響下にある領域

図３：垂直統合から水平分業へ

自動車産業の最上位に君臨してきた完成車メーカーが、IoTの世界では「oT」に過ぎない位置づけになる。インターネット産業の影響下にある領域をめぐって、ITを中心に業界外からも続々参入。激しい主導権争いが起こる。

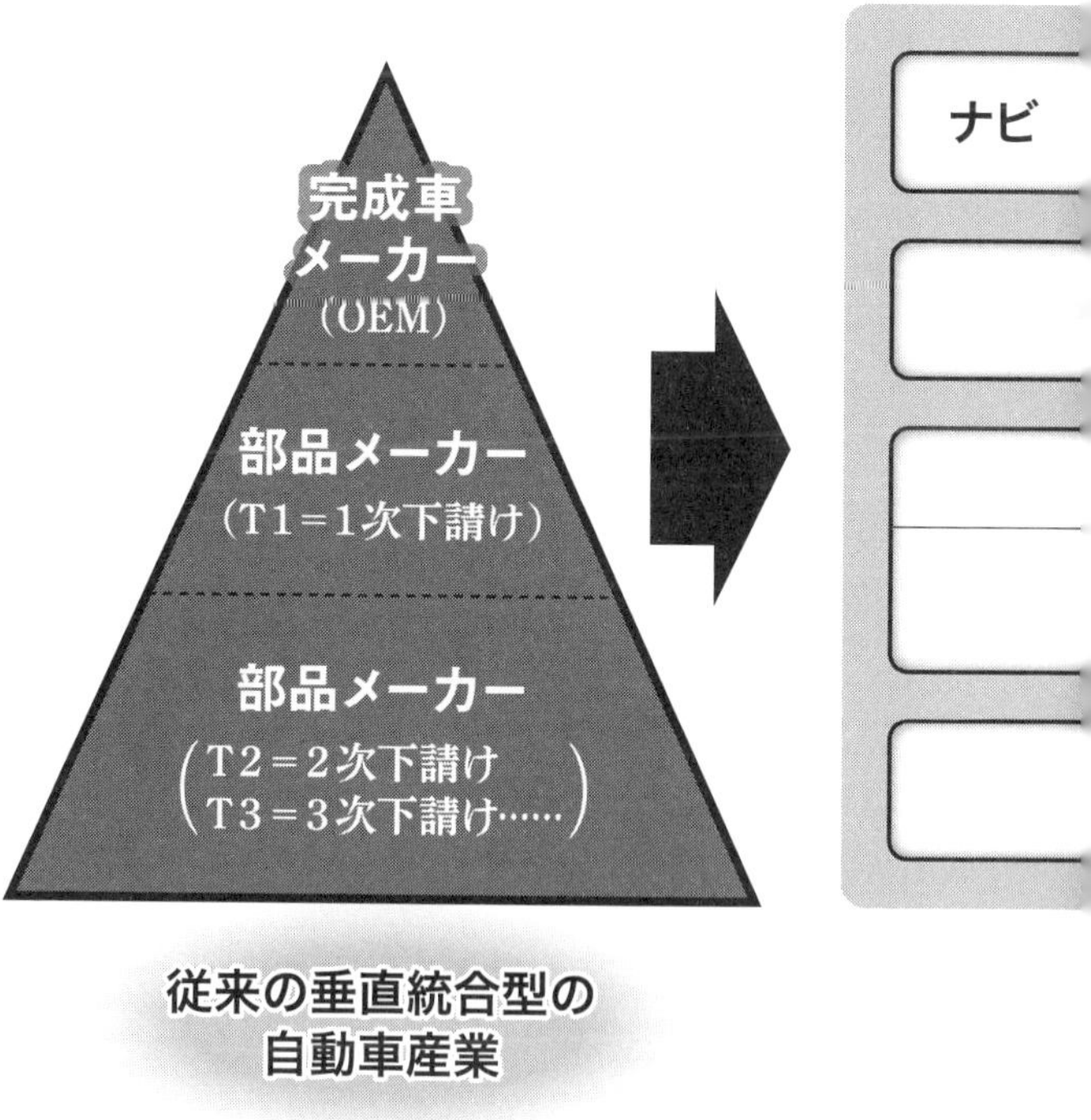

©Yumi Kawabata

一部企業の淘汰、再編成は避けられない

本章の冒頭で、自動車産業を「巨人」にたとえたが、それはこの産業の裾野があまりにも広いからだ。図3左側の三角形をもう一度ご覧いただきたい。電動化への切り替えということでガソリン／ディーゼルエンジン（内燃機関）の技術から電動モビリティの技術に舵を切ろうとしても、体力のある大手の完成車メーカーや部品メーカーならばともかく、人材も資本も乏しい小規模のメーカーには厳しいかもしれない。

仮に、化石燃料だけで走る車が禁止となると、エンジンやトランスミッションに使う部品は不要になる。エンジンに使用されるピストンリングやバルブスプリング、燃料ポンプといった個々の部品を作る企業は、事業の転換を求められる。

日本自動車工業会会長として豊田章男・トヨタ自動車社長が「画期的な技術ブレークスルーなしには達成は見通せない」「サプライチェーン全体で取り組まなければ、競争力を失うおそれがある」とかなり強い調子で懸念を表明したのも、トヨタ自動車が「自動車をつくる会社」から「モビリティカンパニー」へ生まれ変わることを決意したと繰り返し強調しているのも、産業構造の大転換とその速さ、怖さを理解し始めているからに他ならない。

そして、産業構造の大転換によって引き起こされるのが、企業の淘汰、再編成である。

たとえば、ドイツでは戦前に200社ほどの自動車メーカーがあったが、今ではフォル

クスワーゲン（アウディ、ランボルギーニ、ポルシェなどを傘下に収める世界最大の自動車メーカー）、メルセデス・ベンツで知られるダイムラー、ロールス・ロイスを保有するBMWのわずか3社にまで統合されてしまった。

日本では現在、8つの主要な完成車（乗用車）メーカーがあるが、トヨタの傘のもとにダイハツ、スバル、マツダ、スズキが収まり、日産と三菱は外資であるルノーの傘下、独立した資本としてはホンダというところまで集約されている。個々のブランドが生き残っている最大の理由は、前述したように、エンジンを自社で開発できる力があるからだ。自社エンジンの開発製造こそが、完成車メーカー最大の強みであり、他社を阻む壁であり、大事な利益の源だった。それがこのEV化、CASE化の流れによって彼らの最大の強み、勝負どころが失われてしまうことになる。

垂直統合から水平分業に移行する

EVには、大雑把にいって、根幹となる三つの部品がある。動力をタイヤまで伝える駆動系として電気モーターとリチウムイオン電池に注目が集まりがちだが、実は電圧を変換する制御系の装置であるパワーエレクトロニクス（DC－DCコンバーターやインバーター）も重要な技術である。

実はこれらの技術の多くはいずれも日本が得意としてきた分野でもある。日本電産は電気モーターでは世界的なプレイヤーだし、パワーエレクトロニクスはもともとエアコンや洗濯機などの家電の技術で広く応用されているものだ。リチウムイオン電池はソニーがビデオカメラの小型化にあわせて開発したという歴史がある。リチウムイオン電池については、パナソニック（三洋電機）、東芝、ソニーといった顔ぶれが揃う。つまり、個々の技術では、日本にはまだまだ戦える素地がある。

それでも、日本の自動車産業のヒエラルキー構造、垂直統合型の産業構造はこのままでは間違いなく崩壊のプロセスをたどるだろう。生き残る企業はあるが、構造自体は確実に崩れる。「はじめに」の文言をいま一度強調しておこう。

日本の自動車産業は崩壊しない。ただし、戦い方のルールは大きく変化する。そして、新しいルールに適応できた企業だけが生き残ることができる。

日本の家電産業を思い出していただきたい。自動車産業と並んで、日本経済の牽引役として世界中で活躍していた国内家電メーカーが、１９９０年代から２０００年代にかけて、中国・韓国系のメーカーに押される形で衰退の道をたどったのは記憶に新しい。日本の家電産業が再編を余儀なくされた一因は、「垂直統合型」から「水平分業型」に生産の現場がシフトしていったからだ。垂直統合型とは、製品開発から生産・販売まで、すべてのプロセスを1社または一つのグループで行う形態を指す。それに対し、水平分業型とは、製品の中心となるような部分の開発・設計などは自社で行うが、それ以外の製造・販売などを外部に委託するようなビジネスモデルを指す。アップルは現在、iPhoneを世界中のメーカーに委託生産させている。同社は、新製品の開発・設計や、iPhoneでできるサービスの拡充に注力する。これが水平分業の一例だ。

中国の深圳《しんせん》のような場所へ行くと、家電の産業構造がまるでミルフィーユのように、何層構造にもなっている様を実感できる。図面、金型、基盤、部品、組み立て製造といった工程ごとに、それぞれ独立した企業を選んで発注すれば、自社工場がなくてもモノづくりが可能な時代になっている。だからこそ、中国ではもちろん、日本でも家電のスタートアップが増え続けている。それは垂直統合モデルにこだわり続けた日本の大手家電産業の衰退につながった。

破壊者テスラ

家電産業で起こった水平分業という波は、いまも確実に自動車産業を変容させている。

EVを、電気モーター、パワーエレクトロニクス、リチウムイオン電池、ギアなどの基幹部品別に分けて、それぞれ別の企業に発注し、すべてをシャシー（車体）に搭載すれば完成してしまう。まるでラジコン車のようなシンプルな構造だ。

そしてこの水平分業モデルを、車の世界でもっとも早く軌道に乗せてしまったのが、いまや株式時価総額ではフォルクスワーゲンやトヨタ自動車など世界最大規模の自動車メーカーを軽々と上回ってしまった、あのテスラなのである（2021年3月時点で時価総額は5700億ドル〔約62兆7000億円〕）。

2003年にテスラが創業した際、根幹となるEVシステムは、アメリカのEVベンチャー・ACプロパルジョンからライセンス供給されたものだった。イギリスのロータスから供給されたエリーゼのシャシーを、自社の「ロードスター」に流用し、電気モーターをはじめ世界中から調達した部品を積んで1台ずつ組み立てていった。すべてはそこから始まったのだ。

筆者は、テスラ創業者であるイーロン・マスク氏に3度にわたって直接インタビューを行ったことがあるが、実は彼は巷《ちまた》で噂されているような自動車マニアではない。どちらかというと、地球環境問題の解決策としてEV専門メーカーであるテスラの操業を開始したといったほうが彼の考えていたことに近いだろう。

「社会課題の解決と持続可能性が重要だ。人類の課題の解決のためには、地球環境の問題、そして、モビリティの問題を解決することが不可欠なんだ」と、インタビュー中に何度か力説していた姿が印象に残っている。２０２１年１月には、アマゾンのジェフ・ベゾスを抜いて、世界一の富豪になった（資産１９４８億ドル〔約21兆４０００億円〕！）と報じられたマスクだが、社会的な課題から事業構想を練り、コネクテッド、自動運転、電動化といった、未来に求められる自動車の姿を誰よりも鮮明にイメージしていたからこそ、創業から20年足らずでここまでの成長を遂げることができたのだと思う。

四つの領域をめぐる戦い

ＧＡＦＡもまた、電動化をはじめとする自動車産業への進出を虎視《こし》眈々《たんたん》と狙っている。

ロサンゼルスのモーターショーに登場したリヴィアンという新興ＥＶメーカーのＳＵＶ（スポーツ・ユーティリティ・ビークル）にアマゾンが目をつけて、いきなり7億ドル（約７７０億円）もの投資を行ったのは２０１９年のことだった。リヴィアンのコンセプトカー「Ｒ１Ｓ」は7人乗りのＳＵＶで最大約１万個のリチウムイオン電池を搭載、パワフルな走りが売りという触れ込みだった。だが、アマゾンが投資に踏み切ったのは「走りの魅力」ではない。スケートボード型の車体の上に電気モーターやバッテリーを搭載したリヴィアン

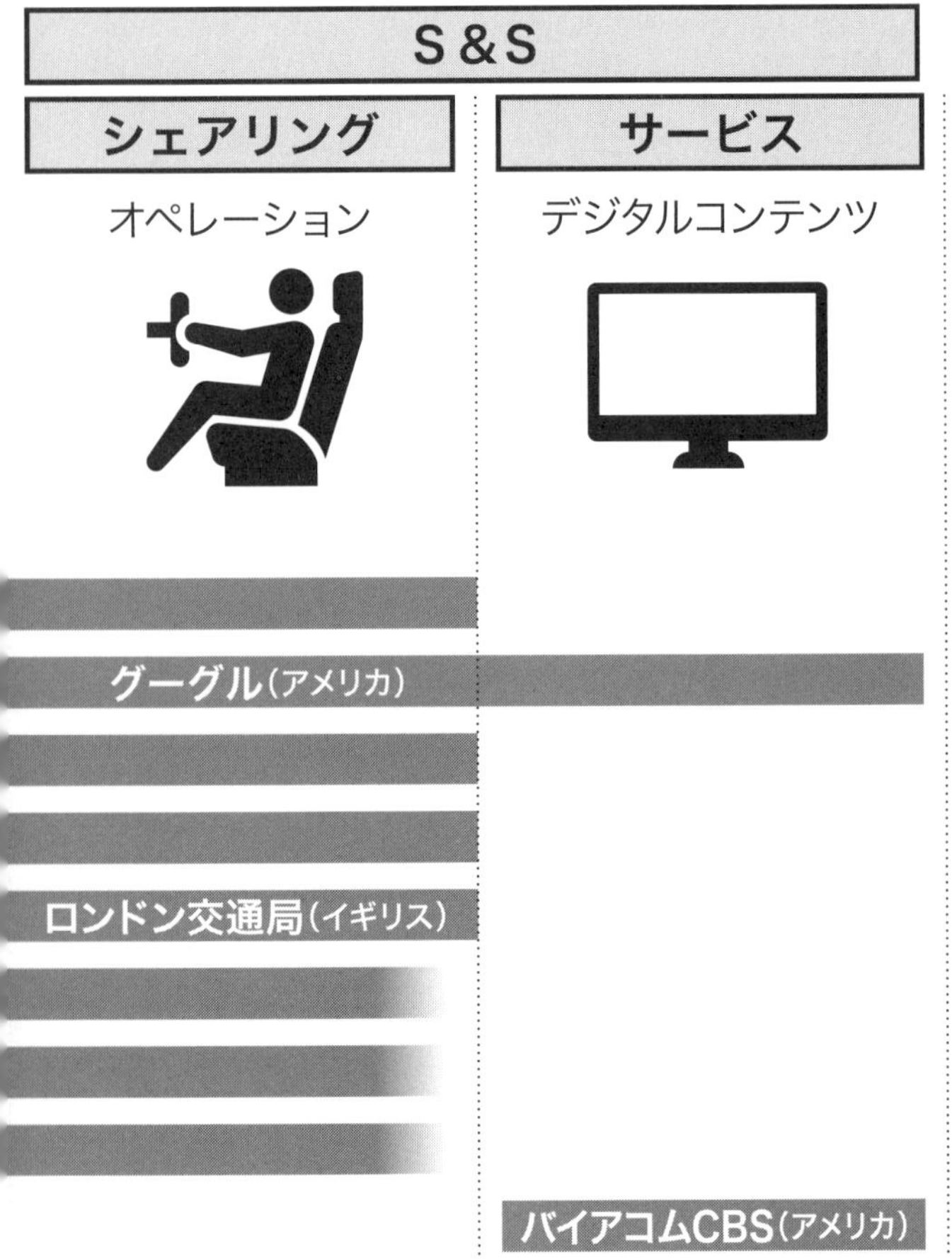
S&S
シェアリング
サービス
オペレーション
デジタルコンテンツ
グーグル（アメリカ）
ロンドン交通局（イギリス）
バイアコムCBS（アメリカ）

図4：主な企業の“守備範囲”

モビリティサービスのバリューチェーンのうち、従来の自動車産業が手掛けるのは、製造と車載技術に限られてしまう？　それとも……。

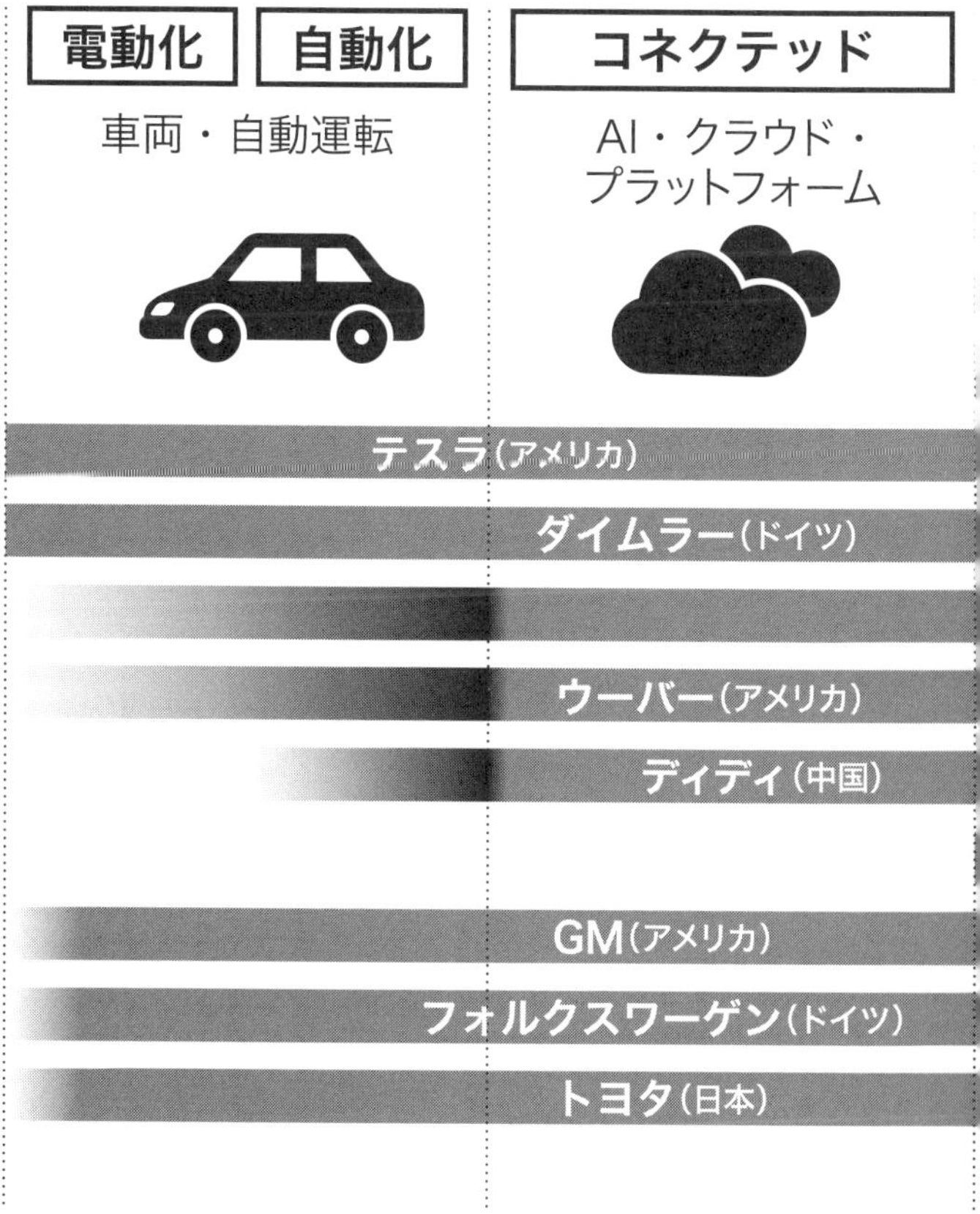

©Yumi Kawabata

のＥＶ用プラットフォームが、輸送トラックほか、商用車としても様々な用途に応用可能だという点を高く評価したのだ。

車両の生産は基本的には自動車メーカーの〝縄張り〟だが、自動化や配車システムなど一部の技術についてはグーグルやウーバーも研究開発を進めている。製造と車載技術以外の分野では、ＩＴをはじめとする、これまで部外者だった企業が続々と参入してくる。その流れはますます大きくなるはずである。

図4は、テスラやダイムラーといった自動車メーカーのみならず、グーグルやウーバーといった企業が「自動車」に関連するどの業種・サービスに関与し始めているかを図示したものだ。ＣＡＳＥの考え方に即して、モビリティ産業を構造化すると、電動化（Ｅ）・自動化（Ａ）＝車両・自動運転、コネクテッド（Ｃ）＝ＡＩ・クラウド・プラットフォーム、シェアリング（Ｓ）＝オペレーション、サービス（Ｓ）＝デジタルコンテンツの四つに大別できる。

テスラは、コネクテッド（ＡＩやクラウド）と電動化・自動化（自動運転車両）の両者を組み合わせたことで大きな成功を収めた。ウーバーといえば、シェアリング（配車サービス）の会社としてのイメージが強いが、コネクテッド（ＡＩ・クラウド・プラットフォーム）の力を利用して大きく発展してきた。

自動運転の分野で注目されるのはドライバー・アシスタントの技術だ。自動ブレーキなどの安全機能であるＡＤＡＳ（先進運転支援システム）は開発が進み、さらに高度なセミ自動運転や、完全自動運転へと移行する道筋が見え始めている。

オペレーションは、従来は鉄道会社などが担ってきた分野で、インフラの投資に多額の費用がかかることから参入障壁が高かった。だが、インターネットやＩＴ産業の発達によって小さな投資額でもオペレーション事業への参入が容易になりつつある。さらに、ＭａａＳ（モビリティ・アズ・ア・サービス＝ＩＴの力を活用して交通をクラウド化し、鉄道・バス・タクシーなど、すべての交通手段による移動をシームレスにつなぐ形態）の登場により、従来、鉄道事業者などが担っていた交通オペレーションの部分も、広い意味でモビリティ産業の一部に組み込まれる。

通信インフラの普及によって高速で運転する自動車が安定してネットにつながる時代には、車載のデジタルコンテンツが大きな市場になってくるだろう。スマホのコンテンツやネットショッピングはもちろん、さまざまなコンテンツが車内にいながらにして楽しむことが可能になる。アウディが設立したＶＲスタートアップのホロライドは、車載のＶＲシステムを開発中だ。イタリアの大手メディアがフィアット車にコンテンツ配信するといった動きもある。

ドイツの大手部品メーカー、コンチネンタルが２０１７年に発表した資料（図５）によ

図5：自動車産業全体の売上高はハードからソフトへ移行

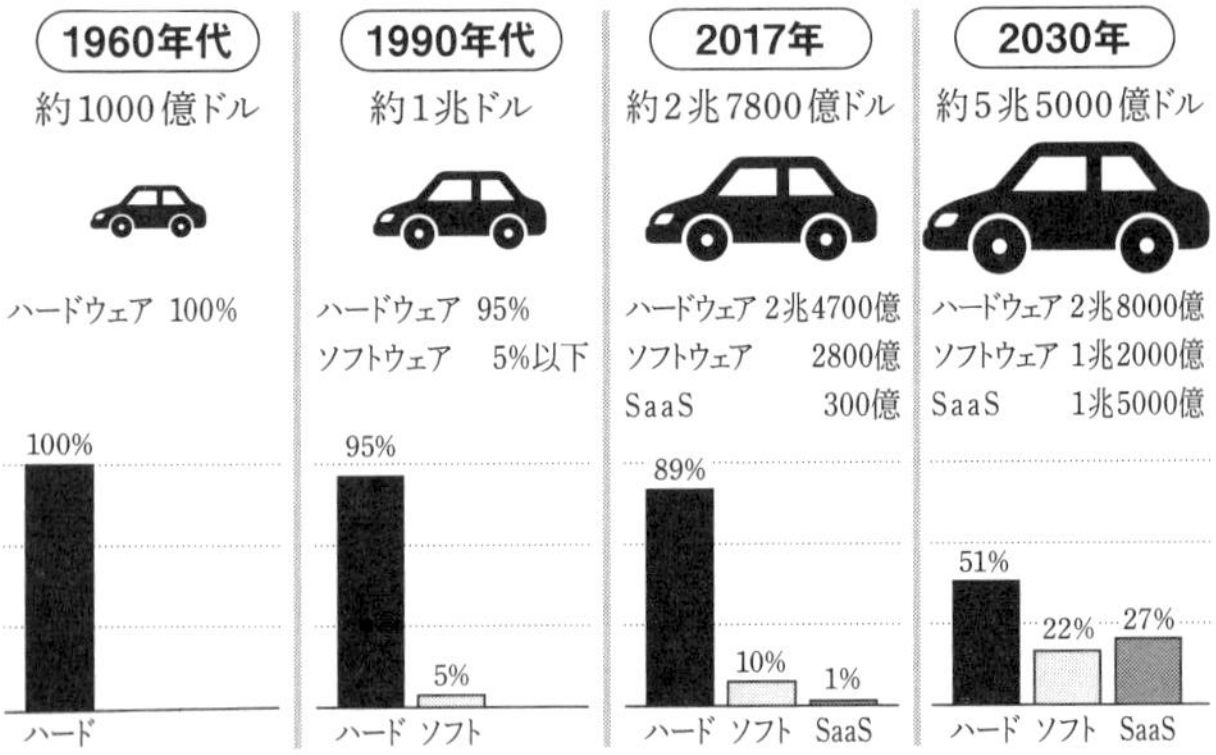

©Yumi Kawabata（2017年のコンチネンタルの資料をもとに作成）

れば、自動車産業全体の売上高は2兆7800億ドル（約305兆8000億円）から、2030年には5兆5000億ドル（約605兆円）と倍増に近い伸びになると予測されている。重要なのは、ハードウェアとソフトウェアの増減である。ハードウェアの伸びは2017年の2兆4700億ドルから2兆8000億ドルと、ほぼ横ばいだが、ソフトウェアが2800億ドルから1兆2000億ドルへと急増する。SaaS（ソフトウェア・アズ・ア・サービス＝パッケージ製品として販売されていたソフトウェアをネット経由のサービスとして販売・提供する形態）事業も、300億ドルから1兆5000億ドルへと一気に50倍に達する見込みだ。

空しい反論

日本の自動車業界の関係者が集まる会合などで、このような話をするたびに、ほぼ決まって、次のような異論・反論が返ってくる。

「家電のように部品点数が少なく、産業構造が単純な業界ならまだしも、自動車はサプライチェーンが複雑で、搭載される技術も多岐にわたる。マーケティングや販売のノウハウにも独特のものがある。自動車は自動車メーカーにしか作れないし売ることができない」

「シリコンバレーのようなモノづくりの基盤が弱い地域で、ソフトウェアやIT産業を軸にした変化が少々起こったぐらいでは、自動車産業の構造の大枠が変化することもないし、ましてや巨大産業が崩壊するなどありえない」

事実、コロナ禍中の2020年後半は、販売も絶好調。日本の自動車産業、垂直統合型のサプライチェーンが盤石な基盤の上に成り立っているように見えるだけに、世界の趨勢《すうせい》に目を背け、国内自動車産業の産業構造再編を否定したい気持ちになるのは理解できる。少なくとも、数年前までは、日本の自動車業界ではそのような認識が圧倒的だった。

しかし、2018年に異変が起こった。毎年ラスベガスで開催される世界最大級の家電・IT見本市であるCES（コンシューマー・エレクトロニクス・ショー）にトヨタ自動車の豊田章男社長自らが登壇し、自動車産業の再編と、トヨタ自動車の従来のビジネスモデルからの脱却を宣言したのだ。

〈私はトヨタを、クルマ会社を超え、人々のさまざまな移動を助ける会社、モビリティ・カンパニーへと変革することを決意しました〉

〈技術は急速に進化し、自動車業界における競争は激化しています。私たちの競争相手はもはや自動車会社だけではなく、グーグルやアップル、あるいはフェイスブックのような会社もライバルになってくると、ある夜考えていました、なぜなら私たちも元々はクルマを作る会社ではなかったのですから〉

どちらも正論である。だが、この豊田社長の〝警告〟はどの程度、日本の自動車産業界や国民に伝わったのだろうか。フォルクスワーゲンはライバルのフォードにEVプラットフォームを提供すると宣言した。ダイムラーは、ベンツのエンブレムがついた定置用蓄電池を一般家庭向けに販売する方針を打ち出した。

はたして、今の日本の完成車メーカー、サプライヤーに、垂直統合を分解し、世界と戦っていく用意や、まったく新しいビジネスに挑む覚悟はできているのだろうか。

自動車単体では儲からない時代に

興味深いデータがある。自動車は年々「儲からない商品」になっている。自動運転技術に関連した高精度のセンサーや機能を搭載し、通信関連の装備まで満艦飾のようにとりつけることでコストが急増している。おまけに近年では原材料単価の上昇に加え、衝突安全基準や排ガス基準といった規制強化の影響もあり、自動車の原価はうなぎ上りなのだ。

２０１９年のフィアット グループ ワールドのデータによると、完成車メーカーの営業利益率は、トップはダントツでフェラーリ（23・2％）だ。1台あたりの利益は実に１００0万円を超える。2位は中国のジーリー（吉利汽車）で9・9％。3位がトヨタ自動車（8・5％）と続く。以下、ＢＭＷ、いすゞ、フォルクスワーゲン、スズキ、ＰＳＡ（プジョーやシトロエンを製造）、スバル、ボルボと続く。スバルは1台あたりの利益が約35万円。日本のメーカーの中では、日産、三菱、マツダの車1台あたりの利益が激減している。

もはや、車を作って売るだけでは儲からない時代になった。よって自動車産業が生き残る道は一つ——新しく生まれる、コネクテッドをはじめとする巨大な市場に参入する準備を一刻も早く整えて、競争領域と協調領域とを見極め、そして一刻も早く自らの武器を持って戦いの場に参入することだ。

数年前、古参のジャーナリストから次のような話を聞いたことがある。

——とある家電メーカーの経営者にインタビューした際に「今の戦い方なら負ける気がしない」と話していたが、それからわずか数年のうちに、そのメーカーは凋落《ちょうらく》し、外国資本の傘下に収まった――。
日本の自動車業界は家電業界の二の舞を演じてはならない。

新しいルールの誕生

第1章の最後に、これまで述べてきた「自動車産業界の新しいルール」をまとめておこう。

重要なルール変更、第一は、自動車がＩｏＴに組み込まれて、パソコンやスマホのようなＩｏＴになるという点だ。これまで自動車、特に完成車メーカーは「いい車さえ作ればいい」という、よく言えばプロとしての職人意識、悪く言えば頑迷固陋《がんめいころう》な傲慢さがあった。

ところが価値観が「車にネットをつなげる」から「ネットにつながった車」に転換する。これまで「俺様ルール」に沿って自分たちの好きなように車を作ってきた完成車メーカーだが、インターネットにつながることによって、ＧＡＦＡのようなＩＴプラットフォーマーの設定したルールに従って車を作らされることになるかもしれないのだ。

アップルが開発中の自動運転車「アップルカー」の自動車の部分を製造する「サプライヤー」を探しており、日本の自動車メーカーも候補になっている――とブルームバーグが報じたのは２０２１年２月のことだった。日本の完成車メーカーがサプライヤーとなる。日本のメーカーに開国を迫る黒船のようである。

第二に、「垂直統合から水平分業への変化」だ。初期のテスラのような委託生産やファブレス経営（工場を持たないメーカーが、自社で開発した商品の製造を他者に委託し、自社ブランドとして販売を行う経営手法）を行う自動車メーカーが続々と誕生している。エンジン車ほど大型の投資を必要としないEVのスタートアップで顕著な動きだ。デザインやマーケティングなどのブランドに関する部分、あるいはシャシー生産やアクチュエーター（エネルギーを物理的な運動に変換する機器）の制御など、自動車の乗り心地に関わる部分は自社で行う可能性が高いが、開発や設計といった根幹に関わる部分でさえも委託する企業もある。

第三に、「データとソフトウェアを制する者がすべてを支配する」だ。GAFAの台頭を機にいろいろな業種で言われていることだが「データ・イズ・ザ・ニュー・オイル（データは新時代の石油）」であり、無数の鉱脈につながっている。

興味深いことに、自動車産業全体を「電動化」という視点から分解していくと、完成車メーカーよりも（下請け的な存在だった）一部の部品メーカーが重要な役割を担うように見える。なぜなら、完成車メーカーのリクエストによって、長年、幅広いソリューションを提供してきた結果、大手の部品メーカーはすでにソフトウェアのエンジニアを多数抱えており、周辺産業やスタートアップ企業との連携も進んでいるからだ。

ここでも、日本の手本となるのがドイツの大手部品メーカーだ（詳細は第4章で触れる）。

世界最大手の部品メーカーであるボッシュは、そもそも企業の総売上高のうち、自動車が占める割合は60％で、家電や産業機器の部門も抱えていることから、ＡＩ開発やＩｏＴの分野でも一日の長がある。このボッシュや、コンチネンタルといったドイツの大手部品メーカーはクラウド部門を買収したり、ＡＩ開発体制を強化したり、国内・海外の企業との協業体制に積極的に取り組んだりしている。

第四に、地球環境問題とセットになった自動車電動化の流れは今後ますます加速していく。ＥＵ加盟国では、２０１９年に「欧州グリーンディール」という環境施策を採択し、２０５０年までのカーボンニュートラル達成を謳った。ＥＵはこれまで、自動車メーカーごとのCO_2排出量を１㎞あたり１３０ｇに設定していたが、２０２０年からは95ｇとさらに厳しい目標設定を行った。これはガソリン／ディーゼルエンジンといった内燃機関だけで達成するのはほぼ無理だ。フォルクスワーゲンやダイムラー、ＢＭＷ、ルノーなど各社が総力を挙げてＥＶの開発生産に取り組んでいるのもそうした事情によるものだ。

第五に、「自社の手持ちの技術から次の事業を興していく」スタイルから、「社会の課題から次の事業を興していく」スタイルへの転換である。前者＝モノづくりに重心を置いた事業開発の手法は、これまでの事業環境では正しい手法だった。しかし、現在は、自前の技術や製品ありきでは、事業の行き場を見出せないリスクを背負うことになる。なぜなら、Ｇ

ＡＦＡに代表されるＩＴ企業がユーザー体験を重視した事業開発を徹底的に行うことで便利なサービスを次々と提供し、ユーザーはその利便性にどっぷりと浸かっているからだ。

これら五つの新しいルールについて冷静に考えるならば、これまで日本の自動車産業が固執してきた大半のルールが時代遅れになりつつあることは自明と思われる。だからといって、もちろん日本の完成車メーカー、部品メーカーの事業の在り方を否定するものではないし、未来がないと絶望的なことを申し上げるつもりもない。

結論めいたことを言えば、これからの時代に日本の自動車産業が目指すべきなのは、「スケーラブル（拡張可能性＝ユーザーや仕事の増大に適応できる能力）、かつ、サステナブル（持続可能性のある）な事業の創出」だろう。具体的には「社会の課題を起点とし、事業のあるべき姿や目指すべき方向性を考える」、「社会に必要とされる、意味のある、欲しいと思われるサービスを作り出す」といったことだ。そのためには、自社の技術や製品にこだわらず、買収合併を含めた外部との連携を積極的に推し進めるという選択肢も重要になってくるだろう。

第2章以降では、海外の自動車メーカーが社内の再編にどのように取り組んでいるかを実例とともに見ていくことにしたい。

図6：世界の主な自動車メーカーの相関図
（中国については本書記載分のみ）

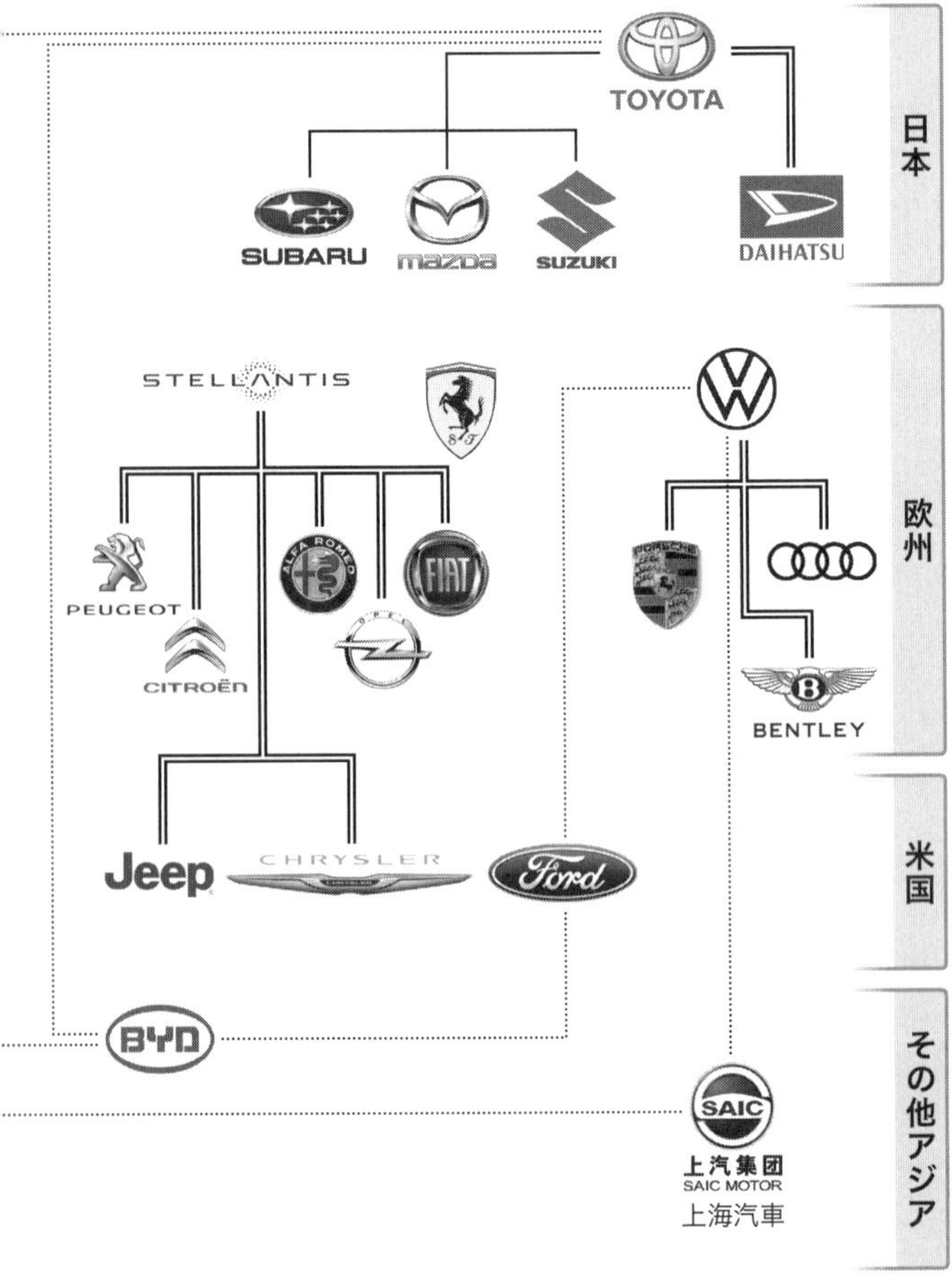

2021年3月時点

══：子会社グループ　　┈┈：技術提携・合弁事業など
──：資本関係

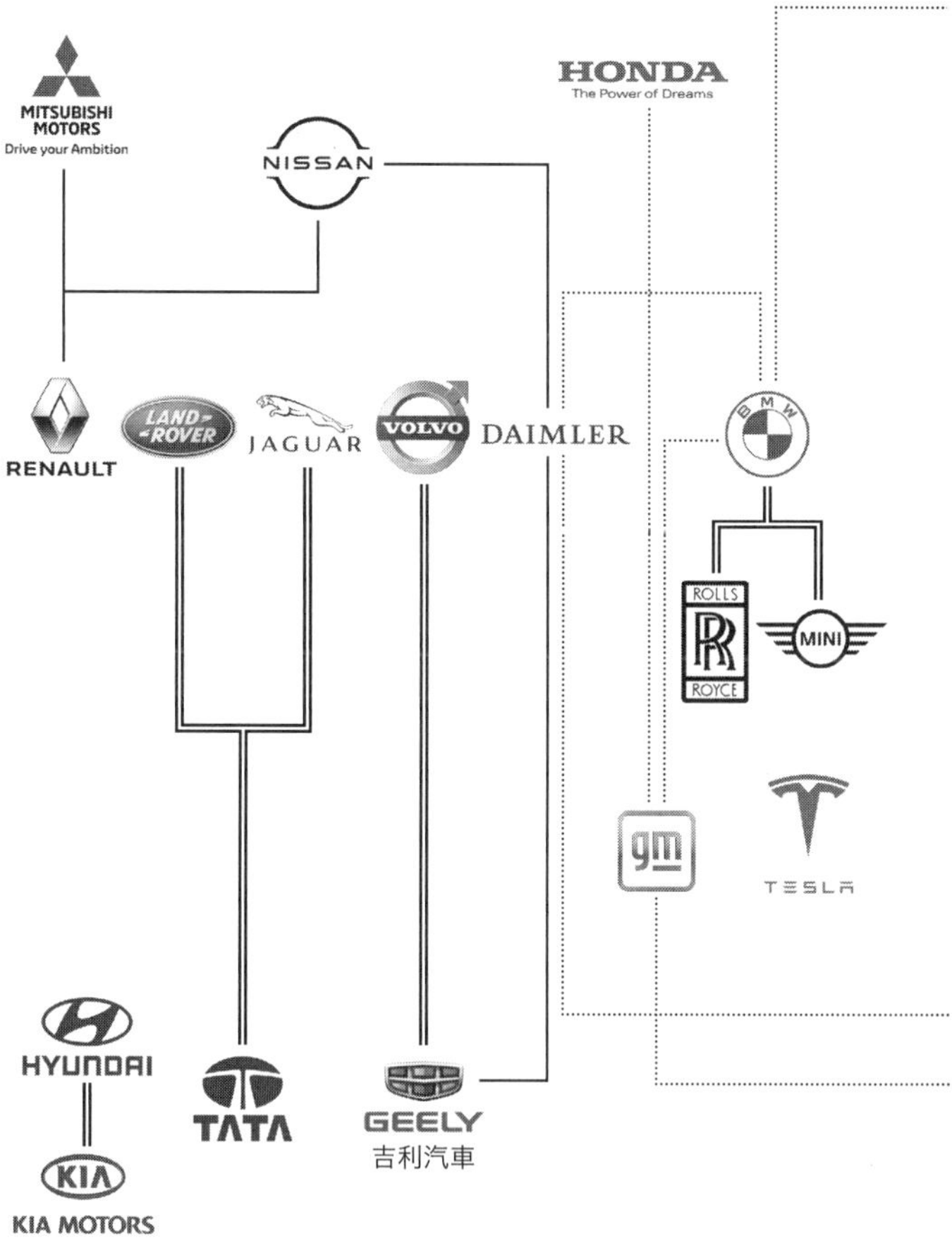

図7：主なCASE相関図（自動運転は物流向けを除く）

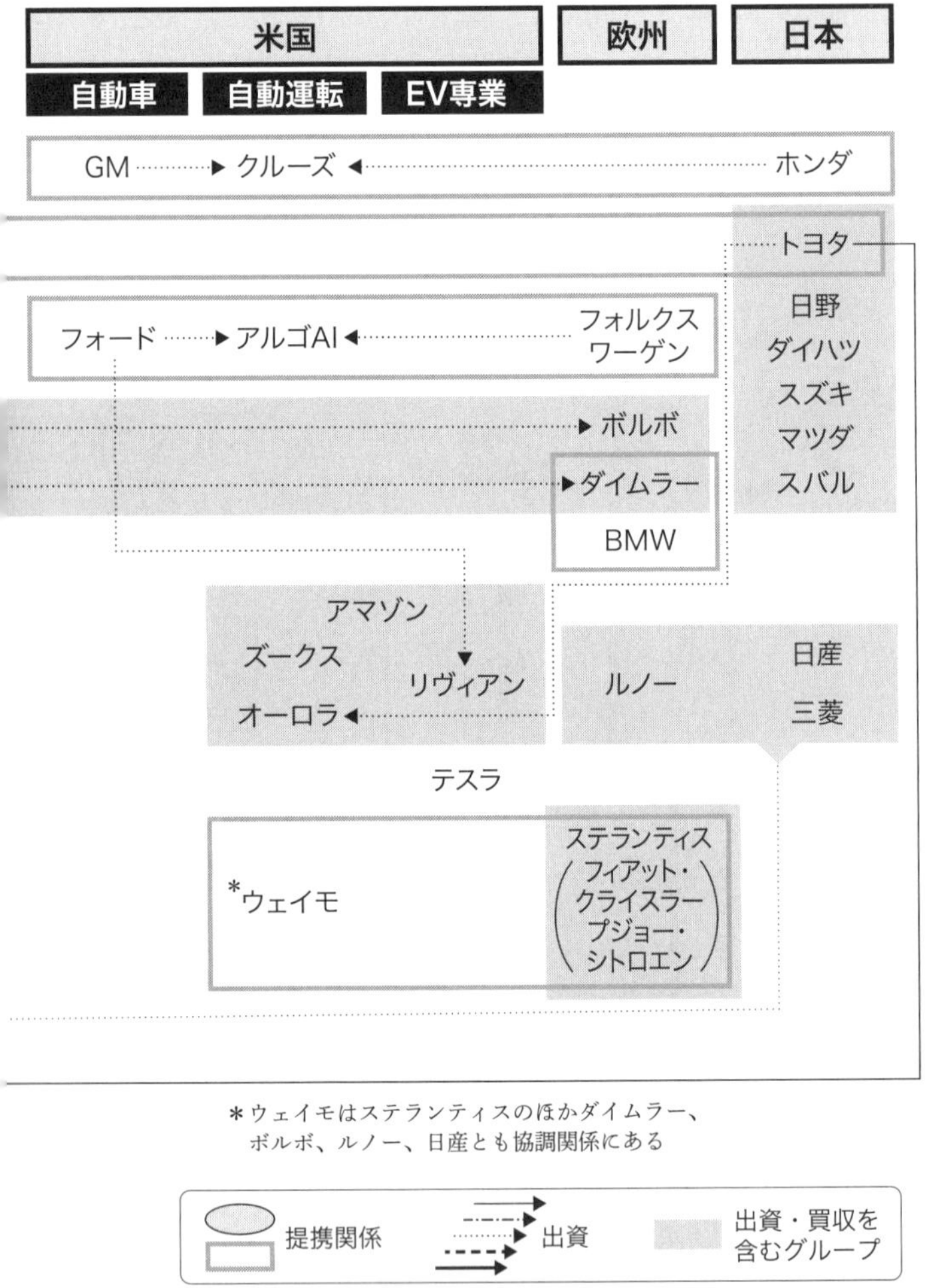

*ウェイモはステランティスのほかダイムラー、
ボルボ、ルノー、日産とも協調関係にある

2021年3月時点

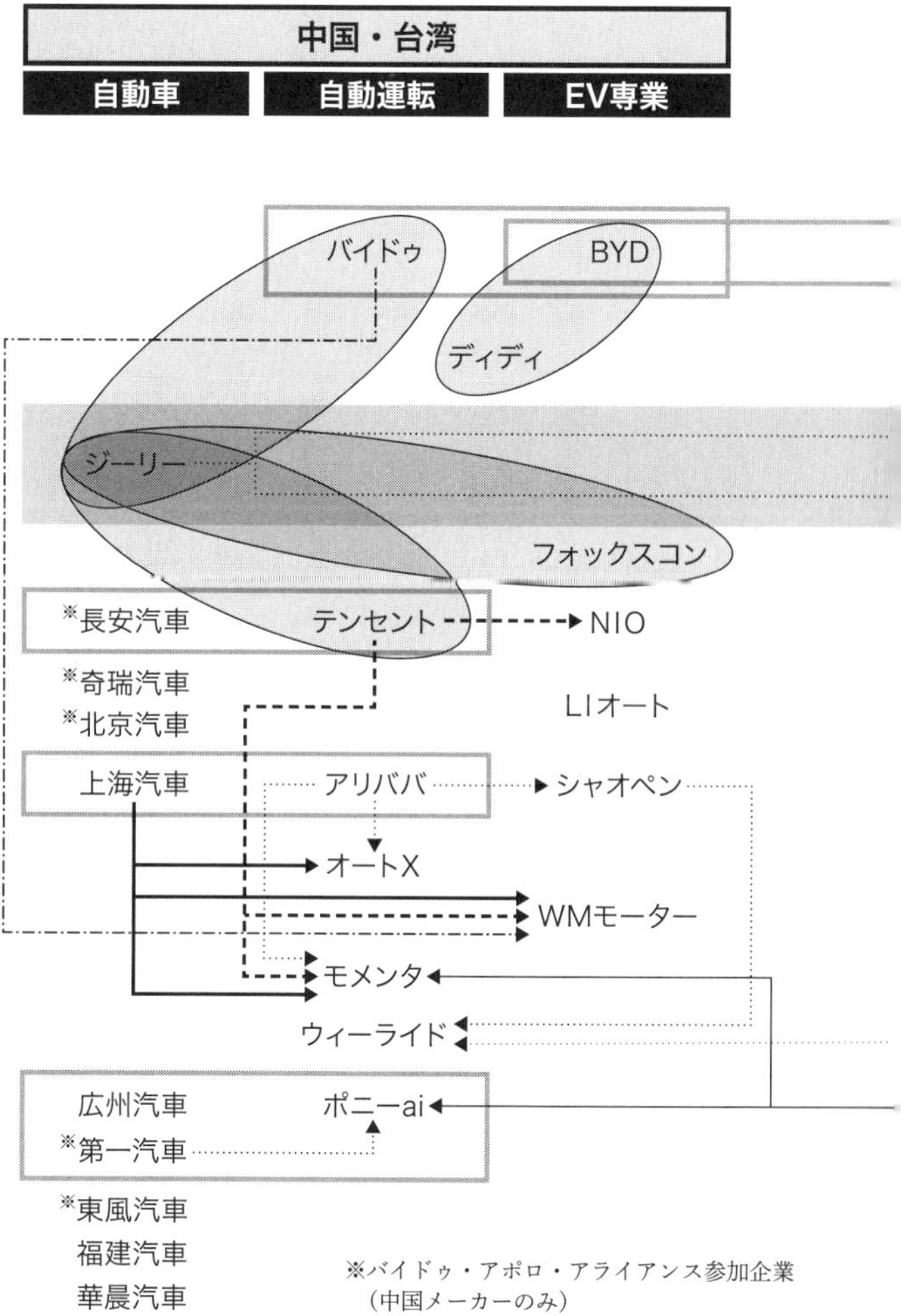
中国・台湾
自動車
自動運転
EV専業
バイドゥ
BYD
ディディ
ジーリー
フォックスコン
※長安汽車
テンセント
NIO
※奇瑞汽車
※北京汽車
LIオート
上海汽車
アリババ
シャオペン
オートX
WMモーター
モメンタ
ウィーライド
広州汽車
ポニーai
※第一汽車
※東風汽車
福建汽車
華晨汽車
※バイドゥ・アポロ・アライアンス参加企業
（中国メーカーのみ）

第2章　いま米国で何が起きているのか①

――ビッグ3の逆襲

桑島浩彰

GMのロゴ変更が示す「EVの時代」

２０２１年は、アメリカで加速度的にＥＶ（電気自動車）が普及する「ＥＶ元年」として記憶されることになるのだろうか。

同年1月に第46代大統領に就任したジョー・バイデンは選挙期間中から、地球温暖化対策と雇用創出とを組み合わせた通称「グリーン・ニューディール」を唱えていたが、就任後に「連邦政府の車両約65万台をＥＶに置き換え、ＥＶ充電ステーションも現在の10倍以上の55万ヵ所に増やす」と宣言した。２０２０年の米国でのＥＶ販売台数（プラグインハイブリッド車を含む）が30万台弱であったことを考えると、きわめて野心的な目標だ。

筆者（桑島）が住むカリフォルニア・シリコンバレーではテスラの車はもはや珍しくなく、車を少し走らせれば充電ステーションもすぐに見つかるほど身近になっている。バッテリーの航続距離や値段の高さなどがネックとなり、ガソリン車大国アメリカでの普及は疑問視されていたＥＶだが、２０２１年から２０２４年にかけて、自動車メーカー各社が続々とアメリカ市場に向けたＥＶの投入を予定している。

主なものだけでも、フォードのピックアップトラック「Ｆ－１５０」、ゼネラルモーターズ（ＧＭ）のピックアップトラック「ハマーＥＶ」、同じくＧＭのＳＵＶ型ＥＶである

「キャデラック・リリック」、欧州勢では、ダイムラーのSUVである「EQS」やBMWのSUV「iネクスト」、フォルクスワーゲンのSUV「ID．4」、アウディのSUV「eトロン」、ボルボのSUV「XC40」など、世界を代表するメーカーの車が目白押しである。米国のEVと言えばテスラだった時代が急速に変わろうとしているのだ。

ゼネラルモーターズのハマーEV

2020年のアメリカの株式市場を最も興奮させた自動車業界のプレイヤーが、わずか1年で743％もの株価上昇を実現させたテスラであることは間違いない。だが、2021年に入ると、長らく低迷していたGMやフォードの株価も上昇しつつある。GMは2040年までにカーボンニュートラルを実現すべく、今後5年間でEVへの投資を270億ドル（約2兆9700億円）に引き上げるとともに、2025年までには世界で30種類のEV投入を発表、かたやフォードも、EVや低燃費車開発に向けて2022年までに110億ドル（約1兆2100億円）を投資すると、2018年に発表しているが、いよいよそれらの取り組みが市場から好感された形だ。ことGMに至っては、2021年1月に環境対応を意識した青字ベースの企業ロゴ変更まで行い、2035年までにすべての車種をEV化する目標をコミットしている。まさに隔世の感がある。

もちろん、このような変化は一夜にして起きたわけではない。ここ5年ほど、米国内で静かに起こり続けていた地殻変動が、今になってゆっくりと姿を現しつつあるのだ。第2～3章では、近年急速な変化を遂げてきたアメリカの自動車産業を、デトロイトとシリコンバレーという二つの地点からそれぞれ語っていきたい。

急速に再生が進む「モーターシティ」デトロイト

21世紀初頭に一世を風靡《ふうび》したラップシンガー、エミネムの半生を描いた『エイトマイル』という映画がある。舞台となった当時のデトロイトは市街地がスラム化しており、全米でも有数の「危険な街」として知られていた（あの『ロボコップ』も舞台は未来の危険なデトロイトの街である）。

かつて、GM、フォード、クライスラー――いわゆる「ビッグ3」と呼ばれる自動車メーカーのお膝元として繁栄を謳歌し、自動車の街《モーターシティ》と呼ばれた全米有数の大都市デトロイトは、その後のビッグ3の低迷とともに凋落し、２０１３年には市が財政破綻を宣言するまでに追い込まれた。デトロイトで行われたモーターショーでのセレモニーに登壇した当時の市長が「（デトロイトは）全米で2番目に危険な街になりました」とコメントした際に観衆が一斉に歓喜の声を挙げ、拍手した場面を共著者（川端）は目撃したことがある。長年にわたって「全米で最も危険」だった街から脱却できたことを市民が喜ぶほど治安が悪かったのである。

　そのデトロイトが、近年になって急激に復活を果たしている。シリコンバレーから起こったデジタルトランスフォーメーション（ＤＸ）の波を受けて、自動車産業が息を吹き返しつつあるのだ。

　いまデトロイト周辺では、ＥＶやその基幹部品であるバッテリー関連の工場が次々と建設されている。それだけではない。２００９年に創業、アマゾンほかから巨額の投資を受けて２０２１年から電動ピックアップトラックや配送ＥＶトラックなどの販売を予定し、注目を集めるスタートアップ「リヴィアン」が本社をデトロイト近郊に移転した。

「自動車製造の視点から考えると、生産に最適な部品メーカー、サプライチェーンや人材が揃っているデトロイトを拠点とするのがベストであると考えました」（リヴィアン／Ｒ・Ｊ・スカリンジＣＥＯ）。

モノづくりの拠点として、人材や企業が集まっているデトロイトが再び脚光を浴びている。2019～2020年の間だけで、GM、フォード、FCA（2009年に経営破綻したクライスラーはイタリアのフィアットに買収され、FCA〔フィアット・クライスラー・オートモービルズ〕となり、さらに同社は2021年1月にフランスのグループPSA〔プジョー・シトロエン・グループ〕と合併して現在はステランティスNVとなった）の3社だけでもデトロイト周辺への投資を決定した金額は100億ドル（約1兆1000億円）以上に上る。

まずは、フォードの事例を見ていくことにしよう。

ケーススタディ1

「スマートシティのOS」で主導権を握りたい――フォード

デトロイト市の繁栄の象徴だったミシガン・セントラル駅は、デトロイト没落の象徴でもあった。1988年に駅としての営業を終了した後は、建物が巨大すぎて取り壊すこともできず、そのまま巨大な廃墟と化していたからである。フォードがその廃墟を買収したと発表したのは2018年6月のことである。自動運転とEVの研究開発拠点として2022年から運用を開始する予定だ。購入を祝って駅で行われた祝賀イベントで、フォードのジム・ハケットCEO（当時）は次のように語った。

「我々はもはや、米国中西部の保守的な企業であってはいけない。従来の自動車メーカーだけでなく、ウーバーやウェイモ（グーグル傘下の自動運転車開発企業）のようなシリコンバレー発のスタートアップとも戦わなくてはならないのだ」

「シリコンバレーにある企業は〝ビット（「情報の量を測る単位」から転じて「情報」の意味）〟を動かしている。だが、私たちは人を移動させる企業だ。ここミシガン・セントラル駅が、我々の〝サンドヒルロード（シリコンバレー有数の投資ファンドが並ぶ通り。転じてイノベーションが生まれる場）〟になるかもしれない」

フォードは駅とその周辺の広大な土地を、総額10億ドルもの巨費を投じて買収した。まるで一つの街をそっくり買収・活用するほどの規模だ。自社の従業員を含め数千人規模の関係者を周辺に転居させ、自動運転・EVの先端研究拠点として活用する計画だという（2020年1月にトヨタが静岡県裾野市に建設を発表したスマートシティ構想「ウーブン・シティ」を思い起こさせる）。

この壮大な計画からは、フォードの意地のようなものを筆者（桑島）は感じた。創業の地で、自動運転・EV化という次の戦いのための拠点を構築する——その背後には、創業家であるフォード家の4代目にあたる、ビル・フォード会長の不退転の決意が込められているはずである。

１９０３年、曽祖父のヘンリー・フォードがこの地にフォード・モーターを創業した当時、デトロイトの街は起業家精神に満ち溢れていたはずだ。それまで移動の主流だった馬車に代わる「自動車」を開発するために、80社以上の自動車メーカーがしのぎを削るイノベーションの主戦場だった。ヘンリー・フォードもその一人にすぎなかったが、食肉工場の加工ラインにヒントを得て、ライン生産で車を作るというアイデアを生み出し、１９０８年から「モデルＴ」、いわゆるＴ型フォードの大量生産が始まる（その5年後に開業したのがミシガン・セントラル駅だ）。それまで富裕層の乗り物だった自動車が国民車となり、フォードは世界のモータリゼーションを牽引する世界的企業にまで成長を遂げた。

その後、2度にわたる世界大戦の特需を経て、１９７０年代のオイルショックまでデトロイトの自動車産業は空前の活況を呈した。ビッグ３の黄金時代である。ところが、手強い敵が現れる。低価格、低燃費、安定品質を武器にした「日本車」が米国市場をはじめ、世界中の自動車マーケットに怒濤《どとう》の快進撃を開始したのだ。「戦い方のルール」が大きく変わり、栄華を誇ったアメリカのビッグ３は凋落の一途をたどった。

アメリカ国内の自家用車、その需要の中心だったミッドサイズ・セダンは日本車の激しい攻勢を受け、ビッグ３は収益性の高いライトトラック（ＳＵＶ、ピックアップ、ミニバン）の生産で生き残りを図ろうとする。

ビジネスモデルの変革を目指したジム・ハケット

2008年のリーマン・ショックをきっかけにGMとクライスラーは破綻、政府から公的資金注入を受けた。アメリカ人には驚天動地の事態だった。傘下にあったボルボやマツダを売却することでなんとか自前で資金を調達できたフォードは倒産という最悪の事態は免れた。再生の象徴としてボーイング民間航空機部門の元CEOアラン・ムラーリーがフォードのCEOに就任、38歳の若さでマツダ社長を務めたマーク・フィールズとの二人三脚で、徹底的なリストラを行った。フォードは息を吹き返すも、デトロイトは2013年に市が破産を宣言するに至る。ムラーリーの後を2014年に継いだフィールズは、業績不振と株価下落の責任をとって2017年にCEOを辞任、そのバトンを受け継いだのが、老舗のオフィス家具メーカーであるスチールケースを立て直したジム・ハケットだった。

自動運転やEVなど、現在のフォードの戦略の基盤を作ったのがハケットである。ビル・フォード会長直轄のプロジェクトという位置づけで、フォードのモビリティサービスを統括する子会社「フォード・スマートモビリティ（FSM）」の責任者もハケットが務めた。2016年から2017年にかけて自動運転車に関する技術開発を行う「アルゴAI」や通勤者用のライドシェアリング企業であるスタートアップ「チャリオット」への投資なども主導した。

この時期のハケットが行った一連の業務再編については賛否が分かれるところだが、「自動車を作って売る」という従来の事業以外に、モビリティサービスを軸にした新たな収入源となる領域を早い段階から立ち上げようと努めた点は評価されるべきだろう。

スティーブ・ジョブズを敬愛するハケットには、少なくとも「次の世界」が見えていた。2018年1月、CES（世界最大級の家電・IT見本市）が開催されたラスベガスで次のように語っている。

「AIの力、そして、自動運転車やコネクテッドカーの台頭により、地上の交通システムを100年ぶりに作り替え、再設計することが可能な時代になりつつあります。駐車場、交通の流れ、商品の配送といった、自動車を取り巻く事業のすべてを根本的に改善し、渋滞を軽減し、都市全体をより公共の空間に変えていくことが可能なのです」

フォードが目指した「スマートシティのOS」開発

ハケットが採った戦略の特徴は、大企業の内部にあえて複数の小さな組織を作ることで、全体が変化するためのきっかけを生み出そうとした点にある。具体的には、モノづくり一択という既存の自動車メーカーの産業構造から、新しい都市交通のインフラ設計、あるいは「トランスポーテーション・モビリティ・クラウド（ＴＭＣ）」と呼ばれるクラウドシステムを運営し、ソフトウェア企業が都市上でモビリティサービスを実現するためのプラットフォーム提供を目指すというものだ。具体的には、ＴＭＣというクラウドによって、位置情報を使ったルートマッピングや決済処理といった、多種多様なモビリティサービスのＯＳとして提供する。たとえば、リアルタイムの位置情報を活用することで、渋滞解消など交通フローのコントロール機能を自治体が利用できる、といったサービスである（ただし、現時点ではＴＭＣの開発は難航しているという情報もある）。

このＴＭＣのイメージは、アマゾンのクラウドサービスであるアマゾン・ウェブ・サービス（ＡＷＳ）のコンセプトに近い。ウェブサーバーのサービスをクラウド化して顧客に提供することでＡＷＳはアマゾンの主要な収益源になっているが、フォードも競合先を含む多様な自動車業界の関連企業にＴＭＣの採用を働きかけ、スマートシティに向けたＯＳとしての地位を目指している。もともとＴＭＣのベースとなるクラウド・プラットフォームを研究開発していたシリコンバレーのスタートアップであるオートノミック社をフォードが２０１８年に買収したことから始まった事業だが、フォードはこれを発展させて、ゆくゆくは、ＴＭＣをＯＳとして、あらゆるモビリティサービスが生まれ、そこで蓄積されたデータを販売するなど、新たな収益源に育て上げるようなイメージを描いている。アップルのｉＯＳやグーグルのアンドロイドは、スマートフォンのＯＳを押さえることで、優位な地位を築いた。それと同じポジションを、スマートシティとＴＭＣで取りにいく戦略である（２０１９年４月、フォードはＴＭＣの運営においてＡＷＳとの複数年契約を発表した）。なお、同社のコネクテッドサービスの責任者は、ＴＭＣについて２０１８年のＣＥＳにて以下のように語っている。

「私たちは開かれたコミュニティを計画しており、皆さんに参加していただきたいと考えています。このオープンなクラウドベースのプラットフォームとサービスの開発に、ここまで投資する理由、それは、人々により効率的な移動や接続の機会を提供するためです。渋滞の減少は、都市の効率性改善だけではなく、経済活動やコミュニティの利益も創出します」

フォードは、フォードのライバルとなるような自動車メーカーにも、このＴＭＣを使ってもらうことで主導権を握ろうとしている。他のメーカーがそれをどう判断するのか。そこがポイントとなる。

かつて任天堂がファミリーコンピュータを発売した際に、他社にソフトを提供してもらう上でユーザー数を確保するために任天堂自らが自社ソフトを集中的に展開した。それと同じように、機能するプラットフォームを構築するには自らが積極的にアプリケーションを充実させることが不可欠だ。ハケットはＴＭＣを優位な状態に導くべく、前述の子会社「フォード・スマートモビリティ（ＦＳＭ）」を使って次々と手を打っていった。ライドヘイリング企業であるチャリオットや、電動スクーターシェア企業であるスピンの買収、自動運転車用ソフトウェアを開発するアルゴＡＩや、ウーバーの競合であるリフトへの出資などがそれだ。会長のビル・フォードも自己資金でベンチャーキャピタル（フォンティナリス・パートナーズ）を立ち上げ、モビリティに関する積極的な投資活動を始めた。動きの速いシリコンバレーでもアンテナを張り、ＣＡＳＥに関連する小規模の事業を次々とスタートさせることで、名門の大企業であるフォードの組織文化全体を変えようとしたのだ。先に述べたミシガン・セントラル駅周辺の大規模な再開発も、その一つの取り組みだった。

買収でライバルに一気に追いつく

２０１７年2月——とあるニュースに自動車産業関係者の誰もが目をむいた。「アルゴＡＩ」という名前の、創業からわずか数ヵ月、社員10人程度という、まだ海の物とも山の物ともつかない（業界用語では「ステルス状態にある」などと表現する）スタートアップを、フォードが10億ドル（約１１００億円）で買収すると発表したのだ。

前年の２０１６年にライバルのＧＭがクルーズ・オートメーションという自動運転関連

のスタートアップを買収していた（後述）が、その動きに触発されたのかもしれない。当時、フォードのＣＥＯだったマーク・フィールズは、ＣＡＳＥをはじめとする次世代技術への投資の遅れを一部から批判されていた。アルゴＡＩの買収で自動運転開発技術の遅れを一気に挽回しようと必死だったが、結局、志半ばにして退任、バトンはジム・ハケットに渡されるのである。

フォードがＴＭＣというスマートシティのＯＳを開発することで、モビリティサービスの主導権を握ろうとした点、プラットフォームとして機能させ、自社以外に展開するためには、システムの核となる魅力的なコンテンツやアプリケーションが必要になってくる点については、前述したとおりである。自動運転技術は、まさにその核となるシステムだが、そうした高度なシステムを構築するには高精度のセンサーやチップ、アルゴリズム、３Ｄマップの充実や自動運転車のシミュレーションのために、気の遠くなるような時間とカネが必要になる。優れたスタートアップを傘下に収めることで、時間を節約し、ライバルに一気に追いつくことができる。

かくしてフォードは、アルゴＡＩを搭載した車両を使って実証実験にとりかかることになった。

２０１８年のフロリダ州マイアミ。フォードがアメリカの大手ピザチェーンであるドミノピザと協力して、自動運転車両を使った実証実験を行った。アルゴＡＩの自動運転システムを搭載したフォードの標準セダン・フュージョンが（白と黒のパトカーのような色合いだが）店から客の家までピザを届けるというもので、この映像はユーチューブでも視聴できる。アメリカ人にとっては国民食と言ってもいいピザを運ぶユニークな実験は全米でも注目を集めた（余談だが、アメリカ中西部のシカゴには「ディープディッシュピザ」という、カロリーの爆弾のような巨大な名物ピザがある。機会があればぜひ）。

ピザ配送の実証実験

フォードはドミノピザ以外にも、世界最大のスーパーマーケットチェーンであるウォルマートとも協業で自動運転車両を用いた食品配送実験を行っている。このような実証実験をさまざまなプレイヤーと行うことで、どのようにすればモビリティサービスの利用率や売り上げを最大化できるか、他のプレイヤーと組んだ場合の最適な売り上げの分配はどの程度であるべきか、といった問いに応えつつ、徐々にプラットフォームとしての力を蓄えているのである。

「我々は、我々が作ろうとしている1マイルあたりの利用率を最大化するモデルの可能性を検証しようとしているのです」（ジム・ファーリー　2018年1月　CESにて）

自動運転に関する三つの論点

自動運転についてはさまざまな見方や論点があるが、次の三つの軸で整理するとわかりやすい。

第一の軸は「人」を運ぶのか、「物」を運ぶのか、という論点だ。当然ながら前者は後者よりも目標レベルや難易度が数段上がる。人命、安全性の点に加えて、乗り心地や快適さという側面もあるが、自動運転時において安全性と快適性を同時に達成するのは極めて難しい。アルファベット（グーグル親会社）傘下で自動運転の実験を行っているウェイモはこの二つを同時に達成しようとしているが、現時点ではかなりハードルが高い。

第二の軸は「商用」か「非商用」かという論点である。トラックやバスといった商用向けのほうが、自動運転車両を活用したビジネスモデル、キャッシュフローを想定しやすい。一方の非商用、つまり一般乗用車などは、購入したユーザーに対し、どのようなビジネスモデルが適用できるのかはまだまだ未知数である。

第一、第二の軸から見た場合、「物」を運ぶ「商用」向け、という組み合わせが、まずは自動運転技術の活用先として現実的だという見方が有力だ。ピザのデリバリーなどは、まさにこのカテゴリーにあてはまる。

さて、三つ目の軸としては、自動運転車両が走行する「走行環境」がある。市街地の中のように、自ずと複雑な走行環境となる街路での走行と、フリーウェイ（高速道路）を使っての長距離輸送とでは、自動運転に求められるアルゴリズムの精度がまったく異なってくる。アメリカでは、「物」の輸送を「商用」向けに、まずはフリーウェイを中心とした長距離輸送から自動運転を始める試みが現実味を帯びてきている。

日本の場合、自動運転は「レベル1〜5」などといった具合に技術的な観点から論じられることが多い。概略で言うと、レベル1は自動ブレーキなどの運転支援、レベル2では高速道路走行時など、特定の条件を満たした際には手を離せる「ハンズオフ」が、レベル3では、限定条件のもとに運転状況から目を離せる「アイズオフ」が、そしてレベル4では、やはり限定条件のもとであるがドライバーが運転を考えずに済む「ブレインオフ」がそれぞれ可能とされる。レベル5はいわゆる「完全自動運転」を指す。技術も重要であることはもちろんだが、日本ではアメリカのようにビジネスモデル（ニーズ）の視点から語られる機会が少ないように思われる。

巨額の開発費がかかるとされるレベル4以降の自動運転技術の開発コストを正当化する

ためには、車両の販売のみならず、開発した自動運転技術を活用したビジネスモデルの構築やコスト削減へのストーリーが不可欠だ。後述するクルーズやウェイモは自動運転車によるライドヘイリングサービスへの活用を想定しており、アマゾンは自社配送における流通コスト削減への道筋が明確だ。自動運転の普及は自動運転技術の開発だけでは難しい。技術的な観点だけでなく、ビジネスモデルの妥当性についても、日本の自動車産業は、もっと目を向ける必要があるだろう。

退任

ところが、こうしたフォードの次世代に向けた取り組みは、スタートこそ華々しかったものの、現実は甘くなかった。当初からハケットの戦略は一部のアナリストからは収益性や現実性を疑問視されていた。実際、買収で注目を集めたチャリオットのライドシェアリング事業は2019年に早々とサービスの終了を発表。フォードが出資していたアルゴAIも巨額の開発費の必要性からか、フォルクスワーゲンから26億ドル（約2860億円）の投資を受け入れた。現在、アルゴAIの株式はフォードとフォルクスワーゲンが40％ずつを保有する形となっている（残りは経営陣をはじめとする従業員が保有）。アルゴAIはフォードとフォルクスワーゲンの2社でグローバルに展開していく見込みとなった。

コロナ禍の影響もあり、自動運転技術の商業展開を予定していた目標時期は2021年から2022年に変更され、ハケットの就任時からフォードの株価は一時40%近くも下落し、リーマン・ショック時の水準に戻ってしまった。

まもなく、2020年8月にハケットのCEO退任が発表された。ビジネスモデルをモノづくりからソフトウェアサービスに進化させ、都市交通のプラットフォームを押さえにいくという戦略は、先見性はあったものの、収益性の問題から早々と出鼻をくじかれた形となった。後任には、米国トヨタ販売のレクサス部門でも幹部を務めた、COOのジム・ファーリーの就任が発表されたが、2021年2月の時点で、大きな戦略変更は発表されていない。

ただし、不採算だった一点をもってフォードが組織変革に失敗したとみるのはあまりにも早計だろう。自動運転や電動化の領域ではフォルクスワーゲンとの大規模な提携が発表されたが、フォルクスワーゲンの豊富な資金力によって、アルゴAIは息を吹き返し、現在の社員数は1000人を超えた。同社は引き続き、公道実験を含む自動運転システムの実証と高精度マップの開発を中心に自動運転技術の開発研究を続けている。困難を経験しつつも、シリコンバレーを中心に自動運転を活用した収益モデルの検討が続いているのも注目に値する。

続いて、デトロイトのもう一つの雄である、ゼネラルモーターズを見てみることにしよう。

ケーススタディ2

自動運転分野で覇権を狙う?――GM

「EVへの移行は、ゼロエミッションの未来の中心を占めます。当社のプラットフォームとバッテリーシステム『アルティウム』は、自社のすべてのブランドをEV化するのに貢献するでしょう。2020年代半ばまでに、当社はグローバル市場で年間100万台のEVを販売する計画を立てています」(2020年7月)

「当社はコアビジネスで培った財産に加え、(自動運転のスタートアップである)クルーズの買収ほかで獲得した要素を含め、自動運転に必要なすべての資産を持っており、この分野をリードできます。自社ですべての工程を行えますし、大都市の複雑な環境下で運転試験を続けています。当社は自動運転の実験車両を量産用のラインで製造している唯一の企業です。つまり、ドライバーが不在になる時代でも、当社はすでに量産システムを備えているのです」(2017年11月)

いずれも、GM初の女性CEO、メアリー・バーラによるコメントである。

2020年7月現在、GMは22億ドル(約2420億円)を投じて、デトロイトにある同社のハムトラムク工場を改造し、同社オリジナルの電気自動車を組み立てる予定だ。さらに、その後は自動運転車クルーズ・オリジンの生産も計画している。かつてリーマン・ショックでチャプター11（アメリカ連邦破産法第11章）を申請し、政府からの資金でかろうじて息をつないだ、あの瀕死だったGMとは思えない姿を見せている。

バーラCEOは18歳でインターンとしてGMに入社、工場作業員からキャリアをスタートさせた、いわゆる叩き上げだ。技術畑を歩み、スタンフォード大学ビジネススクールで一時期学んだ後、2014年に52歳でCEOに就任した。以後、工場閉鎖や人員削減など、聖域なき構造改革を進めると同時に、後述する自動運転のスタートアップ、クルーズ・オートメーションを巨費で買収、「クルーズ」として子会社化したことで大きな話題を集めた。その他、ホンダとの大型提携を進めるなど、社員数15・5万人を抱えるGMのトップとして陣頭指揮をとってきた。

メアリー・バーラ

その結果、GMは次代に向けた新しい姿を見せ始めている。2025年までに電気自動車と自動運転車両開発に総額270億ドル（約2兆9700億円）を投資し、電気自動車を100万台生産、韓国のLG化学とバッテリーセル（電気自動車の性能を左右する車載電池の基幹部品）工場の共同生産を発表するなど、着々と布石を打っている。ＧＭが２０４０年までのカーボンニュートラルの実現を宣言したのは前述のとおりだ。１９２０年代後半、当時のカリスマ経営者だったアルフレッド・スローンのもと、モデルチェンジによるマーケティング手法を編み出し、アメリカのみならず世界最大の自動車メーカーとして君臨したＧＭに再び栄光の日は訪れるのだろうか。

ＧＭが未来を賭けたベンチャー「クルーズ」

従業員わずか40人ほどの、サンフランシスコに本社を置くその会社を、ＧＭが、一説には10億ドル（約１１００億円）ともいわれる金額で買収したのは２０１６年のことだった。会社の名前はクルーズ・オートメーション。創業者のカイル・ヴォクトは当時34歳だった。

カンザス州で生まれ育ったヴォクトは地元の高校を卒業後、名門マサチューセッツ工科大学（ＭＩＴ）に進む。２００４年にはＤＡＲＰＡ（国防高等研究計画局）が主催するロボットカーレース「グランドチャレンジ」に参加している（ラスベガスの砂漠をロボットカーに競走させるこのレースは、アルゴＡＩを起業したブライアン・サレスキー、オーロラ・イノベーションを創業したクリス・アームソンなど、現在のアメリカの自動運転技術を主導するキーパーソンを多数輩出している）。

その後、複数の会社の起業と事業売却を行ったヴォクトは20代ですでに億万長者になっていたが、その彼が2013年に新たに立ち上げたのがクルーズ・オートメーションだった。スタートアップ支援で有名なYコンビネーター（エアビーアンドビーやドロップボックスの支援でも知られる）が出資した点からも、起業当初から注目されていた。

クルーズの当初のビジネスモデルは、通常の車両に後付け可能な「半自動運転キット」の開発・販売だったが、その後、都市部で利用できる自動運転車向けソフトウェアの開発に切り替えた。それがGMの強い関心を集め、起業から3年での大型買収につながったのだ。ヴォクトは買収後もGM経営陣の一員としてクルーズを引き続き指揮する立場となった。

ここで注目すべきは、デトロイトを本拠とするGMが、買収したシリコンバレーのスタートアップであるクルーズを引き続き独立した企業体として扱い、子会社とした後も経営全般をヴォクトに任せた点である。

GMでキャリアを積みながらスタンフォードのMBAを修めたバーラは、クルーズを買収する前年にシリコンバレーを訪れ、アップルのティム・クックCEOやグーグルの幹部らと自動運転技術について議論する場を何度か持っている。おそらく彼女はデトロイトとシリコンバレーでは、働き方、文化、スピード感など、組織運営上の大きなギャップを痛感したはずだ。だからこそ、あえてGMとクルーズの関係は対等にしたのだ。

自動運転アルゴリズムの開発、必要なセンサー・半導体・マップなどの要素技術の調達、プロトタイプの開発や走行実験はシリコンバレーを本拠とするクルーズが主導する。開発された技術の車体への実装と技術検証はデトロイトのGMが請け負う。役割分担を明確にすることで、時間軸も品質に対する考えもまったく異なる両者の文化的な摩擦を回避したのである。

2019年1月、クルーズのCEOはヴォクトから、バーラの腹心であるダン・アマンへと引き継がれた。ヴォクトは引き続き、同社のプレジデント兼CTO（最高技術責任者）として技術開発を行っている。

自動運転車によるライドへイリング事業へ

2020年1月、サンフランシスコのダウンタウン南部で、あるイベントが開かれた。暗がりのような倉庫のスペースにヒップホップのBGMが流れ、オレンジのカクテルライトが動き回る。

自動運転EV──クルーズ・オリジンのお披露目会である。

ハンドルもペダルもないこの車は、3人ずつが2列に向かいあう形になっている。総走行距離は160万km、サンフランシスコ一世帯あたりの年間交通費を最大5000ドルも節約できるとされている。ヴォクトの後を継いでクルーズＣＥＯとなったダン・アマンが「生産に向けて準備中」だと告げた。これはコンセプトにとどまらず、実際に生産を開始するというメッセージで、前述のハムトラムク工場で量産されることを意味する。同社の説明では、一般向けに販売するのではなく、アプリを介して呼び出し、送迎可能な自動運転タクシーとして投入する。ＧＭは自動運転車によるライドヘイリング事業の運営を行うという役割である（ライドヘイリングは配車サービス。相乗りを意味するライドシェアと区別される）。

クルーズ・オリジンとカイル・ヴォクト

クルーズは現在（２０２１年3月時点）、ソフトバンクから22・5億ドル（約２４７５億円）、ホンダから7・5億ドル（約８２５億円）の出資を受け、また、親会社のＧＭは、２０２０年に電気自動車の共同開発などでホンダとの従来の提携関係を強化するなど、徐々に日本との関係も深くなっている。２０２１年にはクルーズ・オリジンを使った日本でのモビリティ事業の計画も発表された。

バーラＣＥＯは以前から「衝突ゼロ、排出ゼロ、渋滞ゼロ」をビジョンとして掲げ、サンフランシスコを始めとした大都市圏でのライドヘイリング事業への意欲を見せている。

世界の自動車産業は、いままさに大きな岐路に立っている。このまま自動車製造を主力事業として注力し、水平分業の時代にはアップルやウーバーに車両を提供する立場に甘んじるのか、それとも、自らモビリティサービスを行うサービスプレイヤーとして収益源を多様化する方向に舵を切るのか、という分かれ道だ。

ビッグ3の一角だったフィアット・クライスラー・オートモービルズ（FCA）は、自動運転システムの開発はパートナーであるウェイモに任せ、自らはピックアップトラックやSUV製造に特化、さらには2021年に合併したグループPSAとの事業統合によりステランティスNVと生まれ変わった後も、引き続きそのポジションを堅持する姿勢を見せている。

かたや、GMはクルーズの自動運転技術や、ライドヘイリング事業などのモビリティサービスを垂直統合しつつ、モノづくり一択から生まれ変わる姿勢を明確にしている。

ライドヘイリング、すなわち配車サービスは、将来的に車両提供にとどまらない、自動車のライフサイクルすべてにおいて収入機会を得られるという意味で、GMは大きな期待を寄せている。

もともとバーラCEOが描いていた戦略は、子会社のクルーズが開発した自動運転車両を使って、2019年にもライドヘイリング事業に参入、車両移動や運行情報を含む膨大なデータを自社で死守する――というものだった。自社で販売した車を用いた車両運行データの収集で先行するテスラ、あるいは、自動運転車両の実際の試験走行データの収集量では他を圧倒するグーグル陣営のウェイモに対してGMが大きな危機感を抱いているのは間違いない。

ただし、GMはデータ量だけでなく、自社ならではの差別化要因として「安全性の提供」を付加価値ととらえている。クルーズの優れた自動運転機能に、GMが過去にわたって磨き続けてきた車両生産、部品調達のノウハウを組み合わせることで、安全性に優れた自動運転EVの開発を目指している。ソフトウェアの力を頼みに自動車産業に進出し、秩序を破壊しようとたくらむGAFAのような企業に一矢を報いようとしているのだ。

これからが正念場

クルーズ・オリジンの発表が、変革を遂げ、再び栄光を取り戻そうとするGMの一筋の光明であることは確かだ。ただし、米国政府の自動運転車に対する規制上の問題などから、2021年2月現在でも、GMによる具体的なライドヘイリング事業の開始時期などについてはまだ発表されていない。

課題も残っている。GMはクルーズ・オリジンのみならず、アメリカでも人気の高いハマーや、キャデラックといったSUV型のEVを、2023年までにフルラインでの生産を目指すとしている。その一方、すでに小型車のセグメントで発売しているシボレー・ボルトEVは売れ行きが芳しくない。

またコロナ禍で、自社のカーシェアリングサービス「メイブン」は赤字が続き2020年4月にサービスを停止、その直後の同年5月には、クルーズも全従業員の8%にあたる160人を解雇した。どこまで粘れるか、フォードと同様、GMもまさにこれからが正念場である。

何度かのストライキを乗り越え、2021年後半からいよいよEV・自動運転車の生産開始が決まったデトロイト・ハムトラムク工場は、現在も着々とオーバーホールが進む。

次章では、デトロイトと並び、アメリカの自動車産業のもう一つの中心となりつつあるカリフォルニアのシリコンバレーを詳しく見ていくことにしたい。

第3章　いま米国で何が起きているのか②

――シリコンバレーの襲来

桑島浩彰

次世代モビリティ産業の中心地、シリコンバレー

コロナの猛威にさらされた２０２０年のアメリカ。カリフォルニア州はコロナ禍のみならず、夏にはおよそ1ヵ月にわたり大規模な山火事が各所で発生し、筆者（桑島）が住むシリコンバレーもウイルスと大気汚染のダブルパンチで文字どおりロックダウンを求められる日々が続いた。

そのような中でも、シリコンバレーでは自動車関連のニュースが連日のように報じられていた。株価高騰を続けるテスラの最新動向、そして、アマゾンやアップル、グーグルというわゆるＧＡＦＡの自動車業界への進出の加速を告げる報道である。

アマゾンは２０１９年、シリコンバレーにある自動運転ソフトウェア開発企業であるオーロラ・イノベーション、そして、前述したＥＶスタートアップのリヴィアンへの投資を相次いで発表した。そのリヴィアンは、ＥＶ配送車10万台をいよいよ２０２１年からアマゾンへ納入開始する予定だ。さらに２０２０年6月にはライドヘイリング向け自動運転車両の開発を進めていたズークスという企業を10億ドル（約１１００億円）とも言われる金額で買収、同年12月にはアマゾン投資先のオーロラ・イノベーションがウーバーの自動運転開発部門「ウーバーＡＴＧ」を買収した（ウーバーＡＴＧにはトヨタ自動車やデンソーも出資して

いたが、この買収によって、両社はオーロラ・イノベーションの株主に転換したと報じられている）。

アマゾンがここまでEVや自動運転車両に関心を抱いているのは、今後、年間900億ドル（約9兆9000億円）以上に達するとされる莫大な配送コストの削減が目的とされているが、自社配送部門のコスト削減を狙うアマゾンがシリコンバレーを起点に自動運転技術と人材を押さえにかかっているのは紛れもない事実だ。長年、自動運転技術の開発は膨大な開発費用の回収が見えない点が最大のネックとなっているが、世界有数の豊富な資金力を持つアマゾンが駒を一歩進めた形である。

アップルの動きも加速している。2021年早々には「通称アップルカー（自動運転EV）の2024年の販売に向けて、アップルが韓国・起亜自動車と提携交渉」というニュースが大きく報じられた。アップルが自動運転システムを搭載するための車体を起亜自動車に提供させる、いわゆる水平分業モデルである。

アップルはもともと2014年から「プロジェクト・タイタン」の名でEVや自動運転システムの開発を行っていたとされる。テスラやグーグルの元関係者を中心に駆動やインテリア、外装デザインからバッテリー、自動運転開発まで含め、数百人のエンジニアが在籍する大掛かりなプロジェクトだったようだが、2016年ごろから、プロジェクトの縮小、リストラが報じられるようになる。プロジェクト撤退説もあったなか、今回のアップルカーの提携交渉報道によって、再び大きな注目を集めるようになった。当初は、マグナ・インターナショナル（カナダの自動車部品メーカー）のような車両の製造能力を持った大手の部品メーカーとの協業が噂されていたが、ここにきて起亜自動車や現代自動車といった韓国の完成車メーカーとの提携が取り沙汰されている（日本でも、日産自動車に提携の打診があったとされるが、2021年3月時点で日産は否定も肯定もしていない）。

アップルはiPhoneの製造委託と同じ水平分業での展開を狙っている模様だが、スマートフォンと同様、車体の組み立てもそれ自体では利益率が低く、自動車メーカーにとっては必ずしもポジティブな案件になるとは限らない。だからこそ、メーカー側も慎重になるはずだ。おまけに、アップルは徹底した秘密主義と情報秘匿で知られており、現時点でアップルカーをめぐる情報は錯綜している。それでも、アップルが自動車産業へ本格参入してくるのは時間の問題だろう。

現在、アメリカの自動車産業は二つの地域を中心に動いている。ビッグ3のお膝元であるモーターシティのデトロイトと、テスラや多くのITプレイヤーが本拠を構えるシリコンバレーである。後者はまさに、旧来の自動車産業に襲いかかるCASEという大波の震源地だ。ハードウェアの塊だった自動車とインターネットの接続が進み、半導体や人工知能などの要素技術の進化、あるいは5Gやクラウドのようなインフラの整備の進展によって、シリコンバレーは次世代の自動車産業の鍵を握る場所となる。本章ではシリコンバレーで活動するプレイヤーたちの動きをまとめてみたい。

まずは台風の目であるテスラからだ。

ケーススタディ1

シリコンバレー発・自動車産業の代表格——テスラ

日々の報道に接していると、テスラはいま急成長中の「電気自動車」メーカーに見えるが、その認識だと、テスラという企業の本質を理解することは難しい。

たとえば、フォードのウェブサイトを見ると、同社の理念・ミッションは「移動の自由を通じて人類の進化を促進《ドライブ》する」と記載されている。事業の前提として自動車が存在する。一方テスラは、初期の2006年に発表したマスタープラン（長期計画）で「採掘しては燃やす炭化水素（化石燃料）型の社会から、持続可能なソリューションの一つである太陽光発電型の社会へのシフト・加速」を謳っている。つまりテスラにとって最大のミッションは、持続可能なエネルギーエコシステムの構築にある。EVはそのための一つの要素であり、一里塚に過ぎない。

テスラのサイバートラック

創業者のイーロン・マスクは、２０１６年にソーラーシティ（アメリカで住宅向け太陽光発電パネル事業を展開）を買収、パワーウォールと呼ばれる家庭用蓄電システムの販売（日本でも展開中）や、スーパーチャージャー（ＥＶ向け急速充電設備）の設置拡大など、発電・エネルギー貯蔵の分野での事業を大々的に展開している。「車」もまた、その延長線上にとらえ、「クリーンなエネルギーを利用するモビリティ」に置き換えるという理念から、マスク率いるテスラは現在のＥＶ開発・生産・販売を行っている。従来の自動車メーカーとはそもそも出発点の思想が異なることに留意する必要がある。

　エネルギー源も含め、クリーンなＥＶの台数を世界中で増やす、しかし、車の大量生産・製造には膨大なコストがのしかかる。そこで黎明期《れいめいき》のテスラがとった戦略は、開発コストを吸収するために、まずはプレミアムな価格を支払うことができる富裕層が存在するハイエンド市場へ参入し、その後、セグメントごとのモデルを増やし、生産台数を拡大していく——というものだった。これまでにロードスター、モデルＳ、モデルＹ、モデル３、そしてサイバートラックと呼ばれるピックアップトラックなど、幅広い層をカバーするとともに、現在は大型トラックも視野にさらなる生産台数増を狙っている。

テスラがなぜここまで急拡大したのかについては、後付けでいくらでも理由は挙げられる。高いデザイン性に加えて、後述する自動運転機能のオートパイロットやOTA（オーバー・ジ・エアー）と呼ばれる車載ソフトウェアの無線アップデートといった先進性、オンライン販売や出張メンテナンスなど、優越感に浸れる顧客体験の提供——などが組み合わさり、話題性とあいまって、まずは富裕層のファンを獲得した。その後、モデル3という普及モデルを投入したことで一般の層にも幅広い支持を得るに至る。2018年の米国でのEV販売は前年比80パーセント成長とされるが、これはモデル3が牽引したと言われている。EVはバッテリー価格の高さと航続距離への不安が課題だ。既存自動車メーカーの参入は増えているものの、先行参入したテスラの強さが際立っている。

垂直統合モデルへの強いこだわり

テスラは、EVの研究開発、生産、販売、アフターサービスまで自社で一貫した体制を構築する垂直統合モデルの形をとっている。今後の自動車産業は垂直統合から水平分業モデルに変わるという見方が強いが、同社は（少なくとも、創業期とは違い、現在は）コア部品に関しては内製化する垂直統合にこだわりを示している。

ＣＥＯのマスクは、２０１９年に垂直統合モデルの優越性に関して以下のように述べている。

「我々は、自社の車両、バッテリー、そして完全自動運転用の自社チップをすべて自前で製造している世界で唯一の企業だ。業界他社とはまったく異なる立場に我々はいる」

「車両の設計、製造から社内コンピュータのハード・ソフト開発、ＡＩ開発まで、すべての領域で我々は他よりも群を抜いている。テスラの走行データが他社よりも１００倍多ければ、（他社が）追いつくのは不可能ではないかもしれないが、困難だろう」

また、筆者がインタビューを行った同社の元社員は次のように答えている。

「カリフォルニアに本社があるテスラは、もともと大きなサプライヤー（部品メーカー）の基盤が弱い。（サプライヤーが揃うデトロイトがある）ミシガンへのアクセスにも乏しい。だからこそテスラは垂直統合にこだわり、下請けとなる部品メーカーを選別してサプライチェーンを形成している。価格ベースで見た場合、全部品の90％ほどが垂直統合の中で生産されたものだろう」

同社はアメリカ国内ではカリフォルニア州のフリーモントにある工場で車体を、ネバダ州にあるギガファクトリーで電池の生産をそれぞれ行い、生産プロセスの徹底的な自動化を進めることで高い効率性を実現しようとしている。中国や欧州、今後はインドにも工場を構え、さらなる規模拡大をはかっている。

もちろん、これだけの規模のサプライチェーンを形成するのに困難がなかったわけではない。前述した量産モデルのモデル３の生産を２０１７年に本格的に立ち上げた際には、恒常的な生産遅延が目立ち、目標を達成できず、納期が間に合わないという期間が続いた。当時、モデル３の生産におけるボトルネックは、バッテリーモジュールの組み立てと、マスクによる生産自動化へのプレッシャーだったとされる。特に自動化については、２０１８年にテスラのＩＲ部門が「私たちは、あまりにも多くの自動化を急速に行いすぎるという失敗を犯しました。一時的に自動化を控え、完全に導入できるまでは半自動・手動のプロセスにて作業を行っています」と、自ら非を認めてもいる（なお、マスクはこの当時のことを「生産地獄」と語ったことがある）。この生産の問題がクリアされて以降は、モデル３の生産台数が大きく伸長し、テスラ躍進の原動力

自動化が進むテスラの工場

となったのだった。

オートパイロットは死亡事故も

販売やアフターサービスについても、テスラは垂直統合を志向している。販売については、オンラインや自社店舗での販売を主体とし、（州法で許容される限り）外部の独立系ディーラーには頼らない方針をとっている。また、アフターサービスにおいても、無線を使った車載ソフトのアップデート（前述したＯＴＡ）の導入、リモート診断や移動メンテナンス車の活用などにより、サービス拠点への入庫を最小限にし、オペレーションコストの削減と顧客満足度向上の両立を図っている。テスラの存在を有名にしたＯＴＡについては、「（テスラでは）『大規模な変更を一度にまとめて行う』のではなく、ソフトウェア会社のように製品発売後に細かい変更を継続的に加えていく」（ウォール・ストリート・ジャーナル日本版　２０１８年5月8日付）とエンジニアリング責任者が述べており、ここでも既存の自動車メーカーとは異なる取り組みが、一足早く実現された。

テスラの自動運転の特徴についても触れておきたい。同社は、自動運転車が「正しく使用される場合」には、人間が運転するよりも安全と捉《とら》えている。２０１６年に同社が発表したマスタープラン・パート２では、「いずれは完全自動運転に必要なハードウェアをすべてのテスラ車に実装する、ただし完全自動運転の実現は待たず、部分的な自動運転機能から実装していく」と述べている。関連するソフトウェアについては2014年からオプションによる提供を開始している。通称オートパイロットとして知られるテスラの自動運転支援機能は、自動車線変更、オートステアリング、道路標識の自動認識や設定速度までの自動加速などのアダプティブクルーズコントロール（先進安全運転支援機能）が実現されている。ただし、実際にはドライバーがこのシステムを使用中に死亡事故も複数発生している。オートパイロット使用中は、ドライバーはハンドルに手を置き、いざというときにはいつでも自動車を制御できる状態にしておく必要があるが、このシステムを過信してしまい、たとえば、ハンドルを握らずにスマートフォンを操作するなどしていたために事故につながるケースなどが起きているのだ。

この点に関し、同社の広報では「多くの技術を検討した上で、ハンドルの動きで手が置かれていることを確認するセンサーと、視覚・音声での警告の組み合わせを選択した。もちろん時間の経過に伴ってテスラ車を進化させていく上で、新しい技術を検討していく」（ウォール・ストリート・ジャーナル日本版　2018年5月14日付）と述べており、さらなる技術的な改良が行われるのは当然だが、現時点での限定された自動運転支援機能をオートパイロットという名称で提供することへの疑問も根強い。

なお、テスラはオートパイロットにおいても、内製化による垂直統合を目指している。核となる自動運転向けの半導体も、かつては半導体大手の米エヌビディアと協業していたが、現在は自社開発である。オートパイロット担当の副社長は、「（半導体チップは）市場にあるものはどれをとっても、テスラのシステムや車の要求水準を満たしていません」「望むレベルのものを実際に設計開発したほうが、はるかに良いものを手に入れられるはずだ」（2017年）と語っており、ここでもテスラ独自のこだわりを強く感じる。独自の技術的思想を持ち、それに向かって自らのアプローチを行っている様子がうかがえる。

シェアリング／サービスへの展開は

EV市場を牽引し、オートパイロットをいち早く導入するなど、CASE分野への先鞭《せんべん》をつけたテスラであるが、シェアリングやサービス、MaaSといった分野へ本格参入する動きは乏しい。筆者が話を聞いた前出のテスラの元社員は、その点を率直に認めた。

「自動運転は間違いなくシェアリングへ大きく道を開く。だが、テスラはシェアやモビリティサービスには現時点ではあまり着手はしていない。テスラが目指すのはオーナーシップであり、素晴らしい車を保有するという体験をデザインしているためだ」

少なくとも今の時点で、彼らは所有を前提としたビジネスを想定しているように見える。クリーンエネルギーへの転換を目指すならば車の所有という形は残り続ける（だから所有される車をEVに転換していく）という考え方なのかもしれない。また、所有を前提とするからこそのサービスモデルの検討も進んでいる。所有者が利用していない時間帯にスマートフォンアプリで簡単に友人や家族に車両を貸し出せるようにし、所有者の保有コストを低減する試みも始まっている。その一方でマスクは、完全自動運転が実現した暁には「テスラ・ネットワーク」と呼ばれる、テスラ車のオーナー自身による自動運転ライドヘイリング事業の構想もあわせて発表している。

このように、テスラは、既存の自動車メーカーとは全く別の思想・アプローチで、他メーカーが苦戦しながら取り組んでいるEV化の先頭を走っている。従来の自動車メーカーの常識を、非常識的な発想で打ち破り、１００年以上にわたって自動車を作り続けてきたメガ・プレイヤーたちの時価総額を10年足らずで軽く追い越してしまった。安全性への考え方については賛否両論があり、また現在の株価水準を高すぎるとみなす専門家も多い。それでも自動車業界に起こっている地殻変動の中心にいるのは間違いない。

続いては、アルファベット（グーグルの親会社）傘下にある自動運転の企業、ウェイモを見ていこう。

ケーススタディ2

自動運転技術では独走状態?――アルファベット・ウェイモ

シリコンバレーの中心にあるゼロックス・パロアルト研究所（通称PARC）。若き日のスティーブ・ジョブズが同研究所を見学中に、後のマッキントッシュのGUI（グラフィカル・ユーザー・インターフェース＝コンピュータの指示や操作の対象がアイコンなどで表示され、ユーザーにとって使いやすい画面方式）のヒントを得たとされるこの場所は、マウスやレーザープリンターなども生み出した、いわば「シリコンバレーの聖地」である。

2018年秋、この研究所で、マサチューセッツ工科大学（MIT）が主催する卒業生の講演会が行われた。厳密には卒業生しか入れないが、大方は追加料金を支払えば部外者でも話を聞くことができるという寛大なプログラムである。

登壇者の名前はジョン・クラフチック。グーグルの自動運転プロジェクトとしてスタートし、後に親会社のアルファベットからスピンアウトしたウェイモのCEOだ。自動運転の分野ではもっとも注目を集める会社の最高責任者が話すということで、会場は立ち見があふれるほどの超満員だった。大きな拍手に迎えられたクラフチックは開口一番、次のように語った。

「世界中では毎年135万人もの人々が交通事故で亡くなっています。まるで150人乗りのエアバスA320が、1年間毎時間休みなく墜落しているようなものです。死者だけではありません。毎年、世界中で約5000万人が車の事故によって怪我をしています。3人に2人が一生のあいだ、一度は飲酒運転事故に巻き込まれるとも言われています。これらの事故には共通点があります。94％の確率でヒューマンエラーが根本的な原因であるという点です……」

クラフチックは2015年に韓国・現代自動車アメリカ社長兼CEOなどを経てウェイモCEOにスカウトされた、自動車業界を知り抜いた人物だ。この日はMITスローン経営大学院の卒業生として招かれたが、もともとはスタンフォード大学で機械工学を修めたエンジニアで、卒業後は、日米貿易摩擦の真っただ中、トヨタからGMにトヨタ生産方式を移植するために両社合弁で設立されたNUMMI（ニュー・ユナイテッド・モーター・マニュファクチャリング）からキャリアをスタートさせた（NUMMIの工場はリーマン・ショック後にテスラに売却され、今では同社の量産工場としてフル稼働しており、シリコンバレーにおける自動車製造の中心地となっている）。その後MITにて、トヨタ生産方式を体系化したとされるリーン生産方式を知悉《ちしつ》する研究者兼経営コンサルタントとしてキャリアを積み、フォードに転職、チーフ・エンジニアとして活躍した後、現代自動車へと移る。リーン生産方式の専門家として知られ、30年以上にわたり米国・日本・韓国の主要自動車産業の変遷を見つめ続けてきたこのＣＥＯは、おそらく人生最後のキャリアとなると思われるウェイモの最終目標を「交通事故死ゼロの実現」としている。

「私たちは自動車会社ではありません。そして自動運転の会社でもありません。私たちはテクノロジー企業であり、世界で最も経験豊富なドライバーを作ろうとしています。それが（自動運転の）ウェイモドライバーです。私たちの使命は、世界中の人々や物が安全かつ簡単に移動できるようにすることなのです」（２０１９年）

ムーンショット・プロジェクト

ウェイモは、「ムーンショット」と呼ばれる、グーグルの特命プロジェクトとして２００９年から秘密裡にスタートしている。ムーンショットとは、米国のアポロ宇宙計画のように、莫大な資金がかかるが、成功すれば人類の進歩や幸福に大きくつながるようなチャレンジングな計画――という意味合いを持つ。

ウェイモのプロジェクトが始まったグーグルＸ（グーグルによるアルファベットへの組織再編に伴い、現在は単にＸと呼ばれる）のオフィスの一つは、シリコンバレーの一角を占めるマウンテンビューに佇《たたず》む。ホンダやパナソニックのシリコンバレーの拠点から車で数分ほどの距離にある。このＸは、多くの〝ムーンショット〟プロジェクトがスタートした場所だ。失敗に終わったとされているグーグル・グラスや、プロジェクト・ルーン（全世界に気球を飛ばし、あらゆる場所でＷｉ－Ｆｉを使えるようにする計画。２０２１年1月に計画縮小を発表）など、数多くのプロジェクトの展示がある。展示の中には、グーグル初の完全自動運転のコンセプトカーとして２０１４年に発表されたファイアフライ（「ホタル」の意味）も置かれている。

パシフィカをベースとしたウェイモの自動運転車両

残念ながら、Ｘから、次代のグーグルを担うビジネスはまだ生まれておらず、費用対効果を疑問視する声も上がっている。だが、裏を返せば、カネに糸目をつけずに、面白そうなプロジェクトは次々と走らせるグーグルという会社の懐の深さの証明でもあった。グーグルの親会社アルファベットの２０２０年の売上高約20兆円、営業利益４・５兆円という超高収益だからこそ可能な試みであろう（ちなみに、プロジェクトが失敗に終わるたびに、その失敗を「祝福」するパーティが盛大に開かれるという）。

Ｘのオフィスからは、フィアット・クライスラー（現ステランティスＮＶ）が供給するミニバンのパシフィカをベースとした自動運転車両が毎日のように行き来しており、マウンテンビューでは、もはやおなじみの光景だ。

自動運転タクシーは有人運転よりも高くつく？

図8は、カリフォルニア州における自動運転の公道実験の結果を各社ごとに比較したデータで、一般公開されている。同州の車両管理局（DMV）が毎年発表しているもので、シリコンバレーはもちろん、世界中の自動車産業、自動運転開発に携わる関係者が注目することでも知られている。ここで特に注目すべきなのが、自動運転車両の総走行距離を、「ディスエンゲージメント」と呼ばれる「公道試験中にテストドライバーが危機回避のため、自動運転モードに介入した回数」で割った「継続自動運転距離平均」である。この図を見るかぎり、アメリカと中国の独壇場だ。

カリフォルニア州のみの公道実験データであり、他国での実験データやシミュレーション結果が反映されていないため（すでに販売した車両から実走行データを集めているとされるテスラも含まれていない）、必ずしも各社の実力値の全体像を正しく反映したものとは言い難いが、米中の自動運転技術開発にかける意気込みを如実に感じさせるものといえよう。

「ウェイモは（自動運転を実現する）世界で最も経験豊富なドライバーを作る」とクラフチックは語ったが、それが意味するところはまだ必ずしも明確ではない。それでも現在の同社

図８：カリフォルニア州での自動運転車両公道実験結果

	継続自動運転距離平均（マイル）	総走行距離（マイル）	ディスエンゲージメント回数
ウェイモ（米国）	29944	628838	21
クルーズ（米国）	28520	770049	27
オートX（中国）	20367	40734	2
ポニーai（中国）	10737	225496	21
ディディ（中国）	5200	10401	2
ズークス（米国）	1627	102521	63
オーロラ（米国）	329	12200	37
アップル（米国）	144	18805	130
日産（日本）	98	394	4
BMW（ドイツ）	40	122	3
Mercedes（ドイツ）	25	29983	1167
トヨタ（日本）	2	2875	1215

カリフォルニア州車両管理局のデータの一部をもとに編集部で作成したもの
１マイル未満は切り捨て（2019年12月―2020年11月のデータ）

の動きとしては、以下の3点が挙げられよう。

①無人の自動運転車両を使ったライドヘイリング（配車サービス）の「ウェイモ・ワン」やトラック配送サービス「ウェイモ・ビア」の実験

②世界各地の自動車メーカー（ステランティス、ボルボ、日産・ルノー連合など）へ同社の自動運転システム（ウェイモ・ドライバー）を提供

③カナダの大手自動車部品メーカーであるマグナと提携し、ジャガーから提供を受けたEV「I－PACE」に自動運転システムを搭載、量産販売など

自動運転に必要な要素技術――ア

ルゴリズムだけでなく、センサー、車載コンピュータ、マップなど、ほぼすべてをウェイモが自社で開発しており、従来の自動車産業からは車両提供のみ受けるものの、その他車両から発生する稼働データや日々進化するアルゴリズムの基となる運行データはウェイモに入る仕組みとなっている模様だ。つまり、前出のウェイモ・ワン＝自動運転技術を使った無人ライドヘイリングのように、同社は川下のサービスまで押さえた垂直統合的なビジネスモデルを検討していた。全世界でグーグルの息のかかったウェイモがサービス展開し、車両に関わるあらゆるデータをウェイモに独占される可能性もあるため、他の自動車メーカーは警戒していたが、ここにきてウェイモの姿勢に若干の変化が見られる。

その背景としては、自動運転車両が必ずしもエンジニアリング上の問題だけではなく、各国政府の法律や規制、事故時の責任範囲、インフラの整備状況、利用者の信頼、走行データの取り扱い、ライドヘイリングネットワークの運営ノウハウなど、各国、各地域のローカル市場によって解決すべき課題が広範囲に及ぶことがわかってきた点が挙げられる。また、MITのアシュリー・ヌネスとクリステン・ヘルナンデスにより、自動運転車の監視コスト（遠隔から車両の運行状況を人間がモニターで監視するコスト）を加えると、必ずしも自動運転タクシーのコストは、通常のタクシーのコストよりも割安にはならないという研究も発表された。これらの事情を考慮すると、自社ですべてのサービスを保有するよりも、現場は地元の事業者に任せ、自分たちは自動運転の技術とオペレーティングシステムの提供に特化したほうが収益率が高い——ウェイモがそのような判断に傾きつつあるのではないかと考えられる。それはシステムのみを提供するＳａａＳ（ソフトウェア・アズ・ア・サービス）企業のようなプレイヤーになることを意味する。

クラフチックがウェイモのＣＥＯに就任して5年。２０２０年3月には、複数の出資者から合計22・5億ドル（約２４７５億円）もの資金調達を行い更なる拡大を図ったウェイモだが、２０２１年の4月にはクラフチックの退任が発表され、業界に大きな衝撃が走っている。ともあれ、彼がとってきた戦略が、米国自動車産業の重心を大きくシリコンバレーに移した一つの契機となったことは確かである。豊富な資金力を活かして今後どのような動きを見せるのか、要注目である。

シリコンバレーの流儀

このあたりで、シリコンバレーの日常についても少々記しておきたい。

サンフランシスコ郊外、通称ベイエリアと呼ばれる地域の南部約80㎞にわたる区域がシリコンバレーと呼ばれ、周知のとおりＩＴ産業やスタートアップが集まっている。おおよそのエリアごとに主要な業種も分かれているのが特徴的だ（図9）。

図９：シリコンバレーの産業位置図

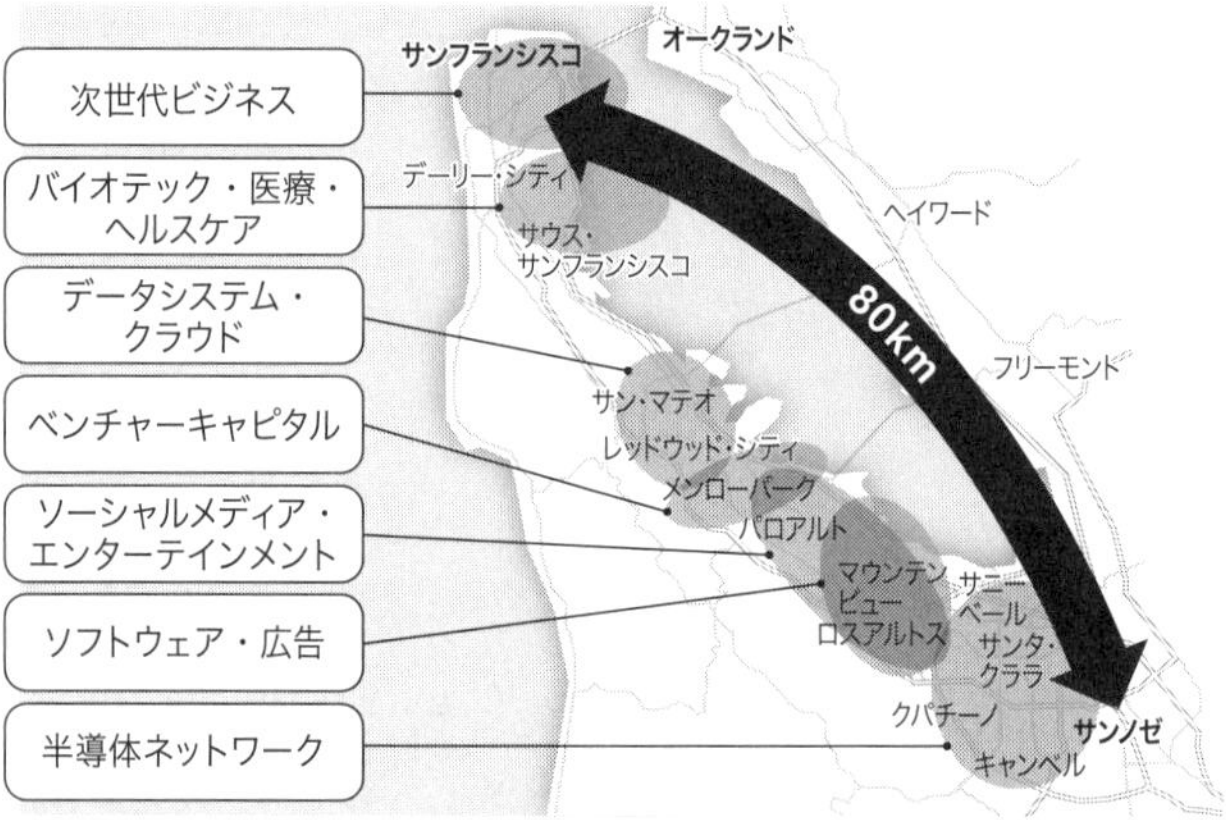

©Silicon Valley Mobility

シリコンバレーの一角、閑静な住宅街ロスアルトスのダウンタウンにＳｕｍｉｋａという焼鳥店がある。備長炭で焼く焼鳥が名物の日本食レストランで、コロナ禍がカリフォルニアを襲う直前まで常に人であふれていた。コロナ禍前までは、こうした、カジュアルで美味しい日本食レストラン（ただし値段は日本の2倍から3倍）はシリコンバレーの投資家や起業家が多数集まり、情報交換を行う定番スポットだった。筆者も、ここでアメリカの自動車メーカーの幹部や、シリコンバレーのスタートアップの関係者などと親子丼を食べながら雑談に花を咲かせ、数ブロック先のケーキ屋でデザートをいただく、というのが日課のようになっていた。雑談の内容は旨いラーメン屋といった他愛もない話から、直近の投資ディール、業界内の要注意人物、最近組成されたベンチャーキャピタルの投資スキーム、注目すべきスタートアップ企業の動向など多岐にわたる。

常に驚くのは、この街では業界ごとにインナーサークルがいくつも形成され、その中ではいい情報も悪い情報も一瞬で共有されてしまう、という点である。たとえばベンチャー投資家同士は、投資案件を日々融通しあうが、そこにかつてのルームメイト、大学やビジネススクール時代の同窓生、投資銀行やコンサルティングファームの同僚など、同じ釜の飯を食べた者たちが濃密なインナーサークルを形成する。そう、シリコンバレーはムラ社会なのだ。

投資案件の検討から、投資先の取締役会、投資銀行主催のカンファレンス、毎年1月にラスベガスで行われるＣＥＳやモーターショーなど、顔見知りのメンバーが顔を合わせる場面は数多くあり、コロナ禍の前まではほぼ毎晩のようにＩＴ関係の業界の関連イベントも行われていた。誰もが物理的に足を踏み入れることはできるが、そのような特殊な背景を理解し、インナーサークルに足を踏み入れない限り、シリコンバレーの本当の姿を見るのは難しい。

「進出はしたけれど……」後発組の苦悩

自動車業界のインナーサークルもまた狭い世界である。自動車という世界にCASE、デジタルの要素が本格的に入り始めた2010年代半ば以降、アメリカにおける自動車産業の重心が米国中西部から西海岸に大きく拡大していった。モノづくりはデトロイトが依然として盛んだが、自動運転に使用するセンサー、アルゴリズム、半導体といった要素技術やライドへイリングのようなモビリティサービスのプログラムを書ける優秀なエンジニアは圧倒的にシリコンバレーに集中している。そのような背景もあり、国内外の大手自動車メーカー、大手部品メーカーが次々とシリコンバレーへの進出を果たしてきた。

進出の方法にはいくつかあるが、大別すると以下の2パターンが代表的だ。

第一の方法は、主として研究開発拠点をシリコンバレーに設置するパターンである。本社や本国から人員を派遣する形をとり、現地でモビリティサービスや要素技術を開発したり、現地のスタートアップと実証実験を行ったりするのが一般的だ。日本ではホンダやトヨタ（リサーチ・インスティテュート）がこのタイプにあたる。第二の方法は、現地の有望なスタートアップ企業に資本参加するパターンだ。現地のベンチャーキャピタルに資本参加することで、資金運用を委託し、そのベンチャーキャピタルがスタートアップに投資を行うことで情報収集を行う場合（コマツなど）もあるが、もちろん自社が直接スタートアップへ投資するケースもある。後者はさらに、現地の投資のプロを雇い、投資運用する場合（パナソニックなど）と、本社主導で事業シナジーを目的に投資が行われる場合（デンソーなど）に分かれる。

日本勢を含め、後発でシリコンバレーに参入した自動車関連企業も、こうした形で進出をはかってきたが、日本勢の場合、たいていはここで大きな問題、課題が生じる。

最大の課題が、グローバルな大手企業とシリコンバレーのスタートアップとの間に横たわる深いカルチャーギャップだ。ここ数年、スタートアップ側の資金調達環境が良好だったこともあるが、通常大企業が強みとする資金力はさほど重要なアピールにならず、しかも大手企業側は往々にして投資を通じて技術を囲い込もうとしがちなために、力のあるスタートアップ企業ほど大企業からの投資を敬遠する傾向にある。両者の時間感覚、スピード感の違いも大きい。投資と引き換えに、ベンチャーキャピタルから設定された目標（マイルストンとも呼ばれる）を達成すべく日々寝る間を惜しんで働いているようなスタートアップの論理からすると、秘密保持契約を結ぶだけで3ヵ月もかかるような大企業のスピードは論外に映るのだ。

インナーサークルにどうやって入っていくかも重要な問題となる。3～4年ごとに人事異動で担当者が頻繁に替わり、前任者は帰国するのが通常という、日本企業によくある仕組みでは、インナーサークルのメンバーとして認められるのは困難だろう。筆者が見ているかぎり、シリコンバレーに進出してきたドイツ企業などでは、同じ担当者が10年以上在籍しているようなケースもよく見られる。

自動車関連の企業は比較的数が少なく、競合同士であっても情報交換を行う機会が多く、いわゆる「フレネミー」（フレンド＋エネミー、つまり敵味方が状況によって入れ替わるような間柄）の関係が構築される。転職は当たり前のように行われ、所属先も定期的に入れ替わっていくので、その時々でどの会社にいるかよりも、個々人が自分の名前で勝負をしている側面が強い。

要するに、買収によって完全に傘下に組み入れるか、スタートアップのような時間感覚、スピード感で彼らに合わせるか、シリコンバレーに特有のギブアンドテイクの関係を構築してインナーサークル入りを目指すかしなければ、海外の企業がこのエコシステムに入るのは難しい。

日本のビジネス慣習に染まった企業にはなかなかハードルの高い世界なのである。

ケーススタディ3

トップの決断力で徹底的な組織再編を断行——ダイムラー

シリコンバレーという存在をうまく活用することで、官僚的な組織文化の改革を図った海外の企業がある。ドイツの名門自動車メーカーであるダイムラーだ。ここでは少し視点を変えて、従来の完成車メーカーがどのように自社の仕組みを変えていったのかを見ていきたい。

シリコンバレーでダイムラーの幹部や社員と話をする機会を持つと、同社のカルチャーがここ数年でいかに激変したかがよく話題にのぼる。6〜7年前までは、ダイムラーに限らず、ドイツ企業の関係者と飲むと、たいていは「本社の意思決定が遅すぎる」「承認を得るには大量の書面や資料を用意しなければならない」「情報の共有がうまくいかない」など、まるで日本企業の現地法人社員のような愚痴を聞かされるのが常だった。だが、ダイムラーは明らかに変わった。今では耳にしない日はない「CASE」というビジョンを最初に提案した（2016年）ダイムラーだが、ドイツの典型的なオールドファッションな企業体質から脱却し、見事にトランスフォーメーションを果たしたとされる。

彼らが生まれ変わることができた理由——そのカギはシリコンバレーの一角を占める都

市、サニーベールにあった。

予算1兆円以上の特命プロジェクト

かつて、ゴットリープ・ダイムラーとともにダイムラー・ベンツを設立したカール・ベンツが、世界初の自動車であるベンツ・パテント・モーターワーゲンを発表したのはフォード・モデルTの発売よりも古い1886年、今から130年以上も前のことである。以来ドイツ自動車産業の先頭に立ち、世界のプレミアムカーとしての地位と名誉をほしいままにしてきた同社だが、いつしか既存の車作りに安住し、官僚主義がはびこる動きの遅い〝大会社〟になり果ててしまっていた。

その状況に強烈な危機感を覚えていた男がいた。一度見たら忘れられない特徴的な口髭《くちひげ》がトレードマークのその男こそ、2006年から2019年までの長きにわたってダイムラーのCEOを務め、組織再編を主導したディーター・ツェッチェである。世紀の合併と呼ばれたダイムラー・クライスラーの合併交渉をまとめ上げ、CEOを務めたツェッチェは、自動車産業の未来を深く知悉していた。テスラ、グーグル、アップルをはじめとするシリコンバレー勢の急成長と、既存の自動車業界の破壊の匂いを感じ取ったツェッチェは、2016年夏に大きな決断をする。当時、ダイムラーの戦略部門を指揮していたウィルコ・スタークをドイツ・シュトゥットガルト、メルセデス通り１３７番地にある本社に呼び寄せ、１００億ドル（約１兆１０００億円）という破格の予算と厳選された数百名の優秀な若手社員を与え、「ＣＡＳＥ事業部」の立ち上げを命じたのである。収益化のメドも立たない、まったく未知の事業プロジェクトに既存の事業部門は反対したとされるが、ツェッチェはＣＡＳＥ事業部をＣＥＯ直轄の部署とすることでスタークと部署を守ったという。その直後の２０１６年９月、パリのモーターショーでツェッチェは「ＣＡＳＥ」のコンセプトを世界に向けて発表することになる。

ツェッチェを決断させたのは、２０１５年に行われた、ダイムラーのトップマネジャー１００人のシリコンバレー訪問だった。アップル、グーグル、ウーバーの幹部たちと面談させ、この場所でイノベーションを生み出す仕組みを徹底的に研究させた。翌２０１６年には、２００人以上の社員を主対象に、全社あげての「企業カルチャーの変革」を目的としたグローバルなプロジェクトを開始、従業員教育、意思決定プロセス・組織構成や仕事の進め方・ツールにいたるまでを徹底的に見直すことで、従来の階層的な組織の大幅な簡素

ディーター・ツェッチェと
川端由美

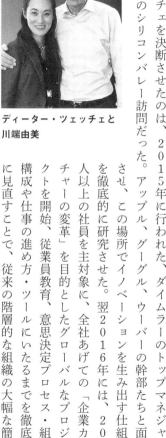

化をはかった。文字どおり、大企業を一から作り直す、この大改革を主導したツェッチェは当時、以下のように語っている。

「企業文化を未来志向に変え、組織をより機敏で革新的なものにするのに、今は最適なタイミングであると確信している……今回の再編は、組織階層の解体が目的ではなく、再構築することで階層間の交流を生み出すために行う。専門知識を強化し、官僚的なハードルを解消し、部門間の協力を積極的に推進したいと考えている」(2016年7月)

結果としてウィルコ・スターク率いるCASE事業部は、文字どおりコネクテッド、自動運転、シェアリング、そして電動化の4事業について、それぞれ個別ではなく、ダイムラーの中で戦略として統合していくための大きな役割を果たすことになる。それぞれの技術が融合した結果、新しいモビリティの形がどのように生まれ、その中でダイムラーがどのように関わっていくかを明確にしたのである。具体的には、モビリティサービスと自動運転車を融合させる際に必要となるアプリケーションや車両・運行管理システムを開発したり、2022年までに10車種以上のEV投入を決めたりと、次々と必要と思われる施策を実行していった(ダイムラーの変化については次章でも取り上げる)。

ダイムラーがこうした変化の予兆に気づき、迅速に手を打つことができたのも、早くからシリコンバレーに目を向けていたからに他ならない。

アンテナ機能と先見性

では、なぜドイツ企業であるダイムラーが早期からシリコンバレーに注目し、そして危機感を持つことができたのだろう。実は、同社がシリコンバレーに拠点を構えたのは、自動車産業の構造変化が騒がれ始めるはるか前の1995年だ。ダイムラー・クライスラーの合併前、インターネットの黎明期である。自動車メーカーとしてはシリコンバレー初の研究施設だった。

この施設のミッションは、当時のマイクロソフトやアップル、モトローラなど、コンシューマー・エレクトロニクス分野の技術動向の分析、そして高齢化や今でいうところのミレニアル世代（1980年代初期から2000年代初期までに生まれたデジタルネイティブ最初の世代）の台頭といった長期的な社会変動に伴うニーズ変化の予測であった。収集した情報に基づいた長期的な米国の市場動向予測をドイツの本社に報告していたのである。1990年代後半には早くも車両とインターネットの接続試験（今でいうコネクテッド！）を行い、iPodの車両搭載にも挑んでいた。実に25年以上も前からCASEを地で行くような研究を行っていたのだ。

ただし、このようなアンテナ機能を持ちつつも、ダイムラーを最終的に変革へと突き動かしたのは、イーロン・マスク率いるテスラであったというのが筆者の見方である。

「テスラが始めたOTAのような、いつ実現できるかわからないような技術は、マスクのような強烈な経営者によるトップダウンでもない限り研究開発は難しい。自動運転・ソフトウェア・バッテリー開発に至るまで、テスラの圧倒的なスピード感を目の当たりにして、ダイムラー経営陣の危機感は一気に強まった。彼らのようなスピード感のある経営が不可欠だと思ったんだ」（2017年　ダイムラー北米担当の幹部が筆者に語ったコメント）

2009年、ダイムラーはテスラに出資を行う（当時のテスラの企業価値の10％にあたる5000万ドル〔約55億円〕）。マスクがテスラのCEOに就任した直後のことだった。この出資は2014年に解消されるが、結果的に、ダイムラーに数字では測れないほど大きな影響を与えることになった（出資を通じてダイムラーはテスラのバッテリー開発の技術能力を測っていたとされる）。当初は20人ほどでスタートしたダイムラーの研究施設は、この頃から従来の「技術トレンドの把握」という役割から、メルセデス・ベンツのコネクテッドサービス開発まで手がけるようになり、現在では300人ほどの大所帯となっている。

CASEへの熱は冷めた？

ダイムラーが最も重視したのはスピード感のある経営である。従来のスピード感では、新しいビジネスモデルの理解も構築も間に合わないという共通認識を持っている。自動運転の開発に必要ならば、自社のサプライチェーンに頼らず、チップ開発・アルゴリズム構築・ビジネスモデル開発に至るまで外部との柔軟な協業を前提に、さらなるスピードアップをはかろうと努めている。その一例として、自社に存在しない技術や人材の迅速な獲得のために、スタートアップ・アウトバーンという、ベンチャー企業を育成支援するプログラムをはじめ、本社経営陣直轄の投資機能なども充実させた。

シリコンバレーに置いた研究開発施設が、本社に対して、長期的な自動車産業・ビジネスモデル変革のアラート機能の役割を果たし、会社の組織変革の起点となるダイナミックな組織を実現しているのである。また、社内から新しいビジネスモデルを募集・開発するための部署を置くことで、北京やベルリンを含む世界各地域の事情に合わせたモビリティサービスを社員に提案させた。この取り組みによって、ダイムラーの主要コネクテッドサービスであるメルセデス・ミー、カーシェアリングのカーツーゴー（Car2Go）、公共交通機関の最適ルート検索や決済などのプラットフォームであるムーベルなどが生まれている。

このように書くと、シリコンバレーからの破壊的イノベーションにダイムラーはうまく対応できているかのように見えるが、実際には課題もある。シリコンバレーといえど、自動運転機能の開発に必要な最新のＡＩに関連する人材は極めて限られており、激しい争奪戦になっている。自動運転に限らず、優秀なエンジニアはドイツ本国のほぼ2倍の人件費がかかるとされ、その費用対効果を疑問視する声はダイムラー社の内外から上がっている。

実際、ダイムラーが開発中とされている、乗用車向けの自動運転技術開発もロードマップ自体が次々と後ろ倒しになっている。さらには、自社事業のライドヘイリング（配車サービス）企業であるフリーナウもウーバーへの売却が噂されるなど、ダイムラーのＣＡＳＥに対する情熱もＥＶ化を除いてはやや冷めつつあるようにも見える。だが、そういった部分を差し引いてもダイムラーのシリコンバレーを取り込む取り組みはある程度成果を挙げていると考えてよいだろう。

ケーススタディ４

「ティア０《ゼロ》」を標榜する自動車部品メーカー――アプティブ

２０１８年１月のラスベガス。毎年行われるＣＥＳに参加するために、筆者は夜景のきらびやかなラスベガス・マッカラン国際空港に降り立った。世界中から毎年20万人近くが集まると言われるこのショーは、もともと家電の見本市だったが、車のデジタル化が進むにつれて、世界の自動車産業が集結する自動車ショーとしての位置づけも加わるようになった。四つある展示場のうちの一つ、通常LVCCと呼ばれるラスベガス・コンベンション・センターの主要個所はもはや自動車産業がメインの出展者になっている。

会場周辺でひときわ目立っていたのが、ホイールを真っ赤に染めた、白いBMW5シリーズに大きく「APTIV」と書かれた車両群だった。展示場同士がかなり離れているため、幾度となく数マイルもの移動を求められるCESでは、スマホのアプリでウーバーやリフトのようなライドヘイリング車両を頻繁に呼び出すことになるのだが（あまりにも頻繁に行うために、予備のスマホバッテリーは必需品だ）、運が良いとこのアプティブの車に乗ることができる。BMWの快適性はもちろんだが、この車は自動運転車両だ。緊急時にはいつでも介入できるようにドライバーが座ってはいるが、通常の運転はコンピュータが行っていた。3年も前からこの技術を確立させていたこのアプティブという会社は、自動車部品メーカーでありながらモノづくりからの脱却を目指すというユニークな企業でもある。本章の最後にこのアプティブについて取り上げたい。

「我々はオートメーテッドモビリティオンデマンド（同社では自動運転車によるライドヘイリングサービスをそう呼んでいる）やネットワークのオペレーターになるつもりはない。車両運行管理ビジネスを扱う企業にもならない。そういった企業が行う各種のサービスを我々が自動

化し提供する――それこそが我々の目標だ」（2018年　アプティブCTOグレン・デヴォス）

アプティブは2017年12月に誕生した。もともとはGMの部品部門が独立してできた1次下請け部品メーカーのデルファイから、さらに、エンジンをはじめとしたパワートレイン（車の動力源および動力源を推進力として伝える装置）部門を分離してできた会社である。

もともとはエンジン部品などの製造を行う、典型的な「モノづくり」の会社だった。ところが、前章で述べたように、GMやフォードがシリコンバレーのスタートアップを買収する時期と重複して、前身のデルファイも急速に自動運転に関わる企業の買収やパートナーシップに乗り出すようになる。

転機が訪れたのはアプティブ発足直前の2017年10月。ボストンやシンガポールで自動運転ソフトウェアの開発を行っていたニュートノミーという企業を4・5億ドル（約495億円）で買収すると発表した時のことだ。この時からアプティブは長期的な事業の方向性を「モノづくり」から「自動運転システムサプライヤー」に大きく切り替えたと言える。筆者がCESで乗車したBMWの車両は同社の自動運転システムの実証実験も兼ねていたのだ。

アプティブの動きは速い。2019年9月には韓国の現代自動車と自動運転開発の合弁会社「モーショナル」の設立を発表し、ニュートノミーの経営陣は同社に移行している。

その後、モーショナルはリフトとアメリカの主要都市で自動運転タクシーサービスを展開する計画も発表している。

自らを「0次下請け」サプライヤーと定義

なぜここまで急速に事業を転換させたのか。アプティブでは、近い将来、自動車産業の付加価値がハードウェアからソフトウェアへ加速度的に変化すると見込んだ。そして未来の部品メーカーのあるべき姿を、モノづくりをベースとした部品の販売だけでなく、コネクテッドや自動運転を実現するためのソフトウェア、そしてそれらを可能とする演算能力やデータ解析を含めたシステムアーキテクチャ全体を提供する企業として自らを再定義したのである。彼らが注力している自動運転で言えば、自動運転ソフトウェアのアップデート、車両監視、車両から得られる膨大なデータの解析支援などといったサービスで課金をしていくイメージである。そのようなビジネスモデルでは、もはや部品を売ったまま、だけではビジネスが終わらず、顧客との付き合い方は、より水平的、継続的なパートナーシップに近いものとなる（先ほどの現代自動車との合弁やリフトとの自動運転の実証実験などは水平型パートナーシップの典型例だろう）。

当然のことながら、もはや自前主義ではテクノロジーの急激な変化に追いつくのは容易ではない。ゆえに、製品開発においても買収を含めた、より外部との連携に思い切ってシフトした。自前主義、つまり自社や自社グループ内だけでは立ち行かないと結論付けているのは欧米中のグローバルな自動車メーカー、部品メーカーにとってほぼ共通の見解であろう。

かくして、積極的な買収や提携を行った結果、一自動車部品メーカーだったアプティブは短期間で6000人ものソフトウェアエンジニアを抱えるに至った。クラウドから車載向けのソフトウェア・アプリケーション、OS、コンピューティング、センサー類まで、また顧客の方では自動車メーカーからモビリティサービス事業者まで、幅広く対応できるようになり、アプティブは自らを事実上の「ティア0（0次下請け）」サプライヤーとして位置付けるようになったのだった。

失敗こそ不可欠

現在、アプティブがとっている戦略のもう一つの特徴は、自動車メーカーとスタートアップ企業の結節点を目指すという点である。シリコンバレー在住の同社の元社員が語る。

「自動車メーカーに興味を持たれたスタートアップは、たいてい私たちのところへやってくる。通常、自動車メーカーは、社員20名そこその新興スタートアップとは直接取引をしたがらない。自動車業界での経験がないスタートアップもあるし、自動車メーカーはこうしたスタートアップに業界動向についてわざわざ教えたりはしない。そこに我々が仲介する素地がある。両者がＰｏＣ（プルーフ・オブ・コンセプト＝概念実証：新しい技術やアイデアが実現可能かを確認するために行う検証作業）を行う場合、我々が必要になることも多い」

アプティブは、前述のニュートノミー以外にも、車両データの解析を行うコントロールテックや、ＭａａＳ事業者向けのデータ処理を扱うオートノモといった複数のスタートアップの買収・提携を行っているが、これも同じ発想である。つまり、単なる部品供給にとどまらず、ＣＡＳＥの進展をはじめとした将来の産業構造の転換期に必要とされるビジネスを予測し、ソフトウェアサービスを先行させて新たなプロダクトを開発する戦略だ。

「伝統的な1次下請けだったアプティブは、1年前まではプロダクトマネジャーという職種を置いていなかった。自動車メーカーの注文を受け、要請どおりの製品を作っていればよかったからだ。今では、顧客のニーズから製品の開発・生産を取り仕切るプロダクトマネジャーを置くようになった。デジタルの時代に合わせて企業を変革するのは手間も時間もかかるが、変わるには絶好のタイミングだ」（前述のアプティブ元社員）

こうした方法が最終的に正しいかどうかはわからない。むしろ失敗する可能性のほうが高いかもしれない。シリコンバレーのみならず、世界中に星の数ほどあるスタートアップの技術や経営陣の能力を見極め、選別するのも大変だが、自動車産業の品質に対する考え方やスピードやプロトコルを理解していないスタートアップと協業するのも相当に困難な仕事のはずだ。

それでも、重要なのは「失敗こそ不可欠」という考え方だろう。カメラ（フィルム→デジタル）、テレビ（画質→コンテンツ）、携帯電話（ガラケー→スマホ）など、デジタル化が始まった瞬間にルールが大きく変わり、それまで栄華を極めていたプレイヤーが突如として没落するパターンは産業史が教えるところである。そして自動車産業もおそらく例外ではないだろう。

アプティブの場合で言えば、正解かどうかはわからずとも、急速にデジタル化が進行する中で自動車産業の未来を予測し、将来的な自社の立ち位置と付加価値の源となるプロダクトを自ら考え抜き、実現のための必要な能力を身につけるため、必要ならば外部からの技術調達も厭《いと》わない——そのプロセスと姿勢こそが重要なのだ。答えが見つからない中でも、複数のシナリオを予測し、通るべき失敗は早めにクリアし、スピードでは負けないことが彼らにとっての最優先事項なのだ。「失敗しないこと」が最優先である時代は終わったのである。

次章では、欧州における自動車産業の最前線を見ていきたい。

第４章　いま欧州で何が起きているのか

桑島浩彰

巨大工場建設とリストラと

ドイツ・ベルリン南東にあるグリューンハイデは、人口8700人、二つの湖に挟まれた静かな街だ。自然保護区の指定地もある、その街が喧噪に見舞われるようになったのは2020年初頭のことだった。街の人口を上回る1万2000人を雇用するという巨大なEV工場の建設計画が持ち上がったのである。

仕掛けたのは──テスラのイーロン・マスクだ。巨大工場建設計画の発表にグリューンハイデの人々は沸き立ち、高層のタワーマンションからショッピングセンターまで、街には連日のように開発提案が舞い込んでいた。

その少し前、2019年11月、ドイツ南部の都市シュトゥットガルトでは、労働組合が組織した自動車産業で働く労働者1万5000人が、冷たい空気の中、赤い旗を振りながらデモ行進を行っていた。ダイムラーやポルシェが本社を構えるこの街で、EV化に伴う従業員のリストラ、工場閉鎖に対する抗議活動を行っていたのである。翌2020年、ダイムラーとフォルクスワーゲンは、それぞれ数年をかけて1万人前後の人員を削減する計画を発表した。同じく、ドイツの主要自動車部品メーカーのコンチネンタルも全従業員の1割以上にあたる3万人の人員調整（削減を含む）を計画中と公表している。

同じ国、同じ産業の中で、いま、希望と失望が交錯している。かつて自動車製造で栄華を誇ったこのドイツではたして何が起こっているのか。

従業員67万人、83年の歴史を持ち、アウディ・ポルシェ・ランボルギーニ・ベントレーなど10以上のブランドメーカーを傘下に束ねる世界最大の自動車メーカー、フォルクスワーゲングループ。同グループを率いる62歳のヘルベルト・ディースCEOは、2020年11月に行われたカンファレンスで強い危機感を口にした。その危機感の表れだろうか、ディースは、この会議中に、テスラを率いる「あの男」の名前を実に31回も連呼した。年間生産台数は自社グループの20分の1、従業員数も1割未満という、規模でいえば「象と蟻」ほどの差があるにもかかわらず、まるで象が蟻を恐れているかのように映る。

イーロン・マスクに率いられた破壊者テスラを、長らく自動車産業の王者として君臨してきたフォルクスワーゲン、ダイムラーをはじめ、大手自動車メーカーが、まさに生存をかけて迎え撃とうとしている——それが欧州の自動車産業界の今の構図である。

EV大増産を狙うフォルクスワーゲン

まずは最初にフォルクスワーゲンの概要からみていきたい。

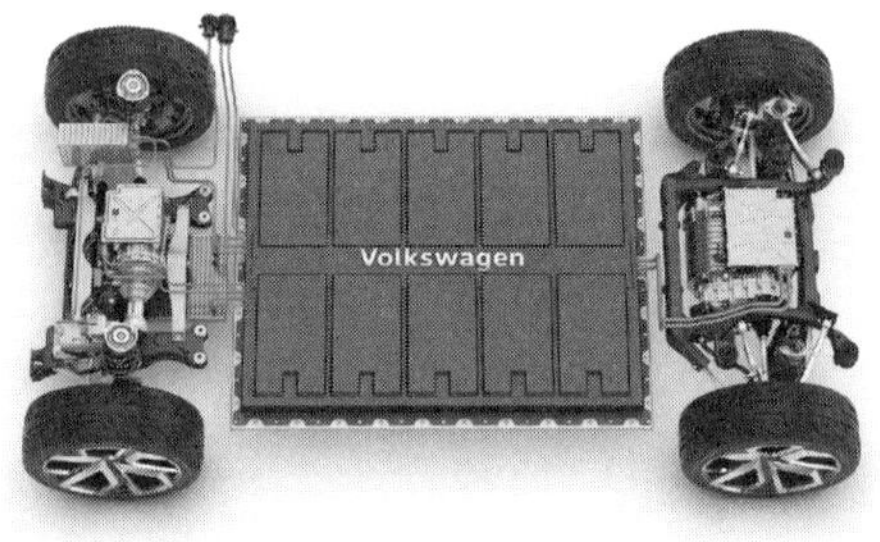

EVプラットフォームの「MEB」

２０１５年にＢＭＷから移籍したディースのリーダーシップのもと、フォルクスワーゲンは新規開発したＥＶのプラットフォーム「ＭＥＢ」に70億ドル（約７７００億円）を投資しただけでなく、２０２５年までに電動化を含む技術開発のために、なんと８６０億ドル（約９兆４６００億円）の巨費を投じる計画を打ち出している。このＭＥＢを、アウディをはじめとした傘下ブランドに展開し、２０３０年までに２６００万台のＥＶが量産可能な体制を整える予定だという。２０２０年の電気自動車販売はグループ全体で23・１万台だが、２０２１年にはその数を倍増させる計画だ。

その手始めとしてフォルクスワーゲンは、かつて東ドイツが冷戦時代に「トラバント」を生産していたツヴィッカウにある工場で、ＭＥＢベースのハッチバックＥＶ「ＩＤ．３」の生産を開始した。ブルームバーグの予測によれば、欧州でのＥＶ販売台数は２０１９年の50万台弱から２０３０年には一気に７７０万台に急増する見込みだ。その巨大市場誕生に向けて、激しい競争の号砲が鳴ったのである。同グループは、２０２２年までに中国を含む世界８ヵ所の工場を

ＥＶ生産に特化させる一方、フォードを含むライバルのメーカーにもＭＥＢをライセンス供与する予定である。

ベンツやＢＭＷも続々とＥＶモデルを投入

さて、ここで再び話をドイツでのＥＶ工場建設を予定しているテスラに戻そう。

グリューンハイデ工場のＥＶ生産計画は、先ほどのフォルクスワーゲンのツヴィッカウ工場を上回る年間50万台で、２０２１年7月の生産開始を目標としている。モデルＹから生産を開始し、車両だけでなくバッテリーセル／パック（セル＝バッテリーを構成する単位／パック＝複数のセルを組み合わせて制御する、バッテリーモジュールを包含した金属製容器）の生産も予定している。それだけでなく２０２０年11月には、欧州の密集した都市環境に合わせた小型ハッチバックの生産も示唆し、欧州のメーカー勢を早くも震撼させている。

２０５０年までにＥＵは域内のカーボンニュートラル化を目標としていることもあり、テスラのドイツ進出には同国のピーター・アルトマイヤー経済相をはじめ、ドイツ政府は歓迎の意を示している。フォルクスワーゲンの総帥であるディースＣＥＯも、２０２０年9月にマスクと2時間近くの会談を行った後で次のように述べた。内心では穏やかではないものもあるだろうが、表面上は敬意を払った形である。

ID.4工場

「テスラはドイツでの競争を活性化し、我々の確立された産業の変革を大幅に加速させるだろう」

　ところが、そのテスラの工場建設計画に懸念が持ち上がっている。環境保護団体の訴えを裁判所が受け入れ、建設用地整備のために行う森林伐採の一時中止命令を出したのである。その理由は、「冬眠中の蛇に対する影響を考慮」したものだった。最終的には建設が認められるかもしれないが、工事は当初のスケジュールよりも遅延した状態が続いている模様だ。

　テスラの動きに抵抗しようとしているのは、もちろんフォルクスワーゲンと環境団体だけではない。２０１９年度の自動車販売ランキングで11位に入った有名ブランドのダイムラーもまた、２０２５年までに電動化・デジタル化に向けた投資として８５０億ドル（約9兆３５００億円）を投じ、10車種のＥＶおよび25車種のプラグインハイブリッド車（ＰＨＶ）を販売する計画を打ち出している。世界ランキング13位のＢＭＷも２０２１年末よりフラッグシップモデルＥＶとして「ｉＸ」を欧州に投入、２０２３年末までにＥ

Vとプラグインハイブリッド車の数を25車種まで増やそうとしている。

2021年1月に誕生したステランティスNVの今後の動きも見逃せない。フィアット・クライスラー・オートモービルズ（FCA）と、プジョー・シトロエン・グループ（グループPSA）の合併によって生まれたステランティスは、イタリア系のフィアットやマセラティ、アルファロメオ、フランス系のプジョーやシトロエン、そしてアメリカ系のジープやダッジなど、合計14ブランドを有し、年間生産台数約800万台と、世界第4位の自動車メーカーとなった。

もともと、2019年3月にスイス・ジュネーブで行われたモーターショーで、FCAのマイケル・マンリーCEOとPSAのカルロス・タバレスCEOの両者が会談したことから合併に向けた議論がスタートしたとされる。当初、交渉は難航し、途中でFCAはルノーとの合併協議を申し入れたが破談。再度FCAがPSAに交渉を申し入れた結果、この大合併が実現した。

60億ユーロ（約7800億円）と言われる合併によるシナジー（相乗）効果の実現、存在感の低い中国市場へのテコ入れ、CASE関連の事業に巨額の投資を行いながら成果を出す――これらの目標をいかに達成できるかが今後のステランティスNVの成否の鍵を握るだろう。その一方で、販売不振が続き、過剰生産が深刻化しているマセラティやアルファロメオなどのブランドをどう支えていくかという課題も抱えている。

ノキアの教訓

第2章ではアメリカ・シリコンバレーからの変化を一つの起点として、急いで事業変革を図るアメリカ自動車産業（フォードやGMなど）の姿を見てきた。その背後にあるのは業界トレンドの巨大な変化に対する強い危機感だった。そして同じく危機感を強めている国が、欧州自動車産業の雄であるドイツだ。日本と同様、自動車をはじめとするモノづくりに立脚した製造業の力で栄華を極めた同国だが、ここ数年で、自動車メーカーだけではなく、大手の自動車部品メーカーもまたデジタル領域を中心に大きな変化＝日本でいうところのデジタルトランスフォーメーション（DX）を見事に遂げている。日本でDXが注目される前から投資・買収・合併などの手段によってその布石を打ってきた。

なぜ、それほど早い段階から、そこまで強い危機意識を持つことができたのだろうか。

欧州の自動車産業の関係者と話をすると、驚くほど、ある企業についてのトピックが出てくる。かつてフィンランドを代表する携帯電話メーカーだったノキアである。かつて

「フィーチャーフォン」（日本でいうところの「ガラケー」）で世界のトップシェアを握ったノキア。それが、アップルのｉＰｈｏｎｅに始まるスマートフォンの誕生によって一気に凋落し、瞬く間に経営危機に陥ってしまった。欧州の自動車業界は、自分たちがその二の舞を演じるのではないかと強く危惧しているのだ。

かつてハードウェアの塊であった携帯電話は、文字通り、そのハードを製造できるメーカーが圧倒的に強かった。やがて、スマートフォンが誕生し、音楽配信をはじめ、アプリを使ったソフトウェアサービスと融合する、つまりソフトウェア主導の動きが起こると、消費者に訴求する価値観が大きく変わった。アプリやＯＳを使用する消費者との接続性からネットワーク効果が働き、市場シェアがｉＰｈｏｎｅやアンドロイドをＯＳとするスマートフォンに集中する事態も生じた。その結果、ハードウェアの王様だったノキアもあっけなく敗北してしまったのである。

自動車業界でも同じことが起こるのではないだろうか――車というハードウェアを作ることに長けた自動車メーカーが、コネクテッドや自動運転のようなデジタル化の時代から大きく後れを取ることで、凋落してしまうのではないか。車だけ作っていれば王様でいられた時代から、ソフトウェアやデータを握った新しい王様のために車を作るような時代になるのではないか――これが、欧州の自動車メーカーに共通する危機意識である。

それでは、彼ら自動車メーカーは時代の波にあわせてどのように変化しようとしているのか。欧州の伝統的な自動車メーカー、ダイムラーの例から、その点を検証していこう。

ケーススタディ1

「ベンツの会社」からMaaSプレイヤーへ――ダイムラー

2017年11月、筆者(桑島)は、小雨の降る肌寒いフランクフルト・アム・マイン空港に降り立った。世界の主要な自動車ショーの一つであるフランクフルト・モーターショー(通称IAA)に参加するためである。コロナ禍前までは、毎年フランクフルトとパリの交互でモーターショーが開催され、日本企業の展示も多く、もちろん日本からの業界関係者も多数訪れていた。

チェックインしたエアポートホテルからミーティングに向かうため、ホテルのフロントで使い心地の良いライドヘイリング(配車サービス)アプリを尋ねたところ、ダイムラーが運営する「マイタクシー(現フリーナウ)」を勧められた。基本的な仕組みはウーバーと同じで、アプリで呼び出すと付近にいる登録済みのタクシーがマッチングされ、数分以内で迎えに来る。モーターショーの期間中、何度となくお世話になった。マイタクシーは2009年に創業、2014年にダイムラーが買収した企業だが、その後もEU圏内を中心に配車サービス企業の買収を進め、コロナ禍前までは15ヵ国110都市、2000万人以上の登録者を持つ一大配車サービス企業に成長していた。

ダイムラーはそのほかにも、カーシェアリングの草分けであるカーツーゴー（Car2Go。2008年に子会社として設立）、マルチモーダルサービス（バスや鉄道など、複数の公共交通機関を組み合わせて、最適な移動経路の案内と決済手段を提供する）プラットフォームのムーベルの3社を軸に、従来の自動車メーカー・車両提供だけの役割から、本格的なMaaS（モビリティ・アズ・ア・サービス＝デジタルを活用し、交通による移動を個別のサービスとして提供すること）のプレイヤーとしての地位を確立しつつある。その背景には、今後シリコンバレーを中心としたデジタルに強いプレイヤーに、車両から生成されるデータ、そして、そのベースとなる顧客接点を奪われまいとするダイムラーの固い決意がある。

ダイムラーの決意を示す動きはまだある。2019年に、最大のライバルであるはずのBMWとカーシェアリングや充電など複数の事業の統合を発表したのである。これからの事業はプラットフォームをいち早く確立し、ユーザー数でクリティカルマス（商品やサービスの普及が爆発的に上がる分岐点）を押さえて主導権を握ることが圧倒的に重要なため、あえて「昨日の敵」と手を組んだものと思われる。

先ほど述べたダイムラーの3事業は、コロナ禍前でもいずれも黒字化は達成できていなかったとされるが、車両保有の形態が進化していくなか、既存の自動車製造・販売にとどまらない新たなビジネスモデルを構築するうえで、とても意義のある試みと言えるだろう。なお、2020年10月にはウーバーがフリーナウ買収に10億ユーロ以上を提示したというニュースが流れた。もし報道が事実ならば、フリーナウがすでにその規模の価値がある企業に成長していることを意味しているのではないか。

大胆な企業グループ再編を断行

将来性はあるものの、すぐには利益が期待できない複数の事業を、企業として買収したり、継続的に支えたりするのは簡単なことではない。経営トップによるコミットメントと、組織の再編が必要になってくる。利益の出ない新規事業には、キャッシュを生み出している他の事業部から必ずと言っていいほど横槍が入るものだ。

前章でも触れたが、ダイムラーの場合は当時のCEOだったディーター・ツェッチェの強力なリーダーシップのもとで大胆な組織変革を行っている。2019年12月に従来の車両製造、金融サービスの2大事業を組みなおして四つの企業に再編したのだ。具体的には持ち株会社のダイムラーAG（AGは日本の株式会社に相当、以下同じ）、その下の乗用車部門を統括するメルセデス・ベンツAG、商用車部門を統括するダイムラー・トラックAG

（2021年2月に分離上場を発表）、金融サービスとモビリティサービスを統括するダイムラー・モビリティAGの3社がそれだ。この再編により、特にモビリティサービス分野においては、中長期的な視点を持ち、かつ、他社との連携をフレキシブルに行えるように組織上で柔軟性を担保したのである。

100年に一度と呼ばれる自動車産業の大変化・加速度的な速さの変化に対応すべく、ドイツの自動車メーカーが出した答えは、スピーディな買収・合併と組織再編だった。その裏側に透けて見えるのは、今後ますます重要となっていく顧客との接点、そして、そこから生まれるデータを守ろう（他国に奪われまい）とするドイツ勢の姿勢である。たとえばBMWもまた、シーメンス、ボッシュ、ドイツテレコムといった多様な企業と提携を結び、ガイアXと呼ばれる欧州独自のクラウドベースによるデータプラットフォームの構築を2020年6月に発表したが、これも同様の動きであろう。

そしてもう一つの特徴は、ドイツでは、自動車部品メーカー大手各社が、従来の下請け的な役割を超えて新しい流れを模索し、とくにEVをはじめとする一部のCASEの世界では自動車メーカーと肩を並べる存在になりつつあるという事実だ。

ここから先は、ボッシュ、コンチネンタル、ZFという大手部品メーカーの事例をつぶさに見ていくことにしよう。彼らはむしろ、この大きな変化の時代を「好機」ととらえているのではないか――そんなことさえ考えてしまう。

ケーススタディ2

社業の4割を「スマートシティ」関連へ移管――ボッシュ

２０１９年初頭のアメリカ・ラスベガス――前述したように、毎年この時期には世界最大級の家電・ＩＴの見本市であるＣＥＳが開催される。そこで、ある一本の映像が人々の話題をさらった。ドイツの自動車部品メーカー大手であるボッシュが製作した「ライク・ア・ボッシュ」がそれだ。どこにでもいそうな（？）中年男性が軽快なラップとともに、ネットにつながったコーヒーメーカーや掃除機とともに、やはりネットにつながった「コネクテッド」なメルセデス・ベンツを踊りながら使いこなす。まさにＩｏＴ（インターネット・オブ・シングス＝製品同士がネットで接続される状態）の時代を強調する映像だった（現在もユーチューブで視聴可能）。同社が取り扱う製品は自動車部品のみならず、家電、電動工具、ビルの管理システムなど多岐にわたる。そういった製品をＩｏＴというキーワードでつなぎ、テクノロジーに強い同社のイメージを印象付けるというものだ。

この映像にこめた同社のメッセージは明確だ。ボッシュの製品を通じたスマートシティの構築という壮大なビジョンである。

ＩｏＴなどの技術を応用して、街のインフラや生活環境をすべてネットでつなげて管理する「スマートシティ」の構想は、トヨタ自動車が静岡県に「ウーブン・シティ」建設構想を発表したことで日本でも注目を集めるようになった。中国でも、北京郊外に建設中の雄安新区と呼ばれる巨大都市のスマートシティ化が進められている一方、北米では、アルファベットがカナダ・トロントでの開発を目指したサイドウォークラボと呼ばれるスマートシティ計画の断念が発表されるなど、スマートシティは動きが激しい分野である。

ライク・ア・ボッシュ

さて、自動車部品をはじめとするモビリティ分野に加え、家電、ロボット、エネルギーマネジメントといったビジネス領域をもつボッシュは、日本でいうとさしずめパナソニック、ファナック、日立の一部門にデンソーを加えたコングロマリットのような形態なのだが、そんなボッシュにとってスマートシティはまさに狙い目である。すでに世界の14都市で「広域スマートシティ開発プロジェクト」を手掛け、今後も新たな都市での開発を予定している。

「ボッシュは自動車のドメインだけでなく、スマートシティも含め広い領域をカバーしている点が他のティア1サプライヤーとの違いだ。また、自動車に搭載した各種のセンサーで様々な情報を検出し解析する知見がある。それをボッシュ独自のクラウドにアップして、他のサービスに利用している」（ボッシュ・モビリティソリューション担当取締役。ウェブメディア「レスポンス」2017年11月8日の記事から引用）

モノのサプライヤーから、自ら収集したデータを活用したモビリティサービスを提供するプレイヤーへの進化――そのキーワードがスマートシティである。スマートシティへの参入という点では、完成車メーカーであるトヨタも、部品メーカーであるボッシュも条件は同じである。そこには、もはや従来の自動車メーカーと自動車部品メーカーのような決められた関係性はない。両者が純粋な競合相手になってくるのだ。

良い車を作るだけでは不十分だ

より具体的に、ボッシュの昨今の動きを追っていこう。

スマートシティの一分野、たとえばモビリティの分野において、ボッシュは、再生可能エネルギーを利用したマルチモーダル（バスや鉄道、自動車ほか、複数の交通手段の組み合わせ）交通システムの構築、ネットとつながったコネクテッドカーの市場成長などを構想している。ボッシュの現会長であるフォルクマル・デナーの次の発言が参考になるだろう。

「より良い車を作るだけでは不十分だ。我々は、交通渋滞や環境を改善する方法を見つけなければならない。一部の主要都市では2050年までに総交通量が3倍になると想定され、我々はモビリティをより〝柔軟に〟捉《とら》える必要が生じている。交通は、電化・自動化されるだけではなく、ネットによって相互につながり、データの活用によってより便利で快適なものにしたいと考えている。電化・自動化・コネクテッドという、これら三つが実現して初めて交通は〈排出ゼロ・事故ゼロ・ストレスゼロ〉を可能な限り実現できることになるだろう」（フランクフルト・モーターショーでの発言）

スマートシティの構築自体が目標ではなく、スマートシティ化によって〈排出ゼロ・事故ゼロ・ストレスゼロ〉を目指すことが目標なのだということがよくわかる。ボッシュの壮大なビジョンの一端が透けてみえる。

自動車メーカーよりも有利な立場に？

少し前に、トヨタのような自動車（完成車）メーカーとボッシュのような自動車部品メーカーは純粋な競合相手になると述べた。ここは大事な点なので再度強調しておきたい。

ボッシュをよく知る、ある関係者は「（ボッシュは）むしろ、完成車メーカーよりも有利な立場にある」という見方を示した。

「ボッシュは、車しか作れない自動車メーカーとは違って、モビリティサービスの提供やエネルギーマネジメントなど、『面』でのソリューションを都市側に提供できる。都市側からしてみれば、自社の商品やサービスしか提供できない自動車メーカーと組むよりは、複数の自動車メーカーに部品やサービスを供給し、メーカーの枠を超えてデータも提供できるプレイヤーと組む方が合理的だと判断するだろう」

正直に記せば、このコメントはボッシュをやや評価しすぎかもしれない。ボッシュ内外の複数の人物に話を聞くと、同社が世界の各都市でスマートシティの実証実験を行っているのは確かだが、いずれもまだ「実験」の段階であり、各自治体のモビリティに関する課題を収集しながらユースケース（製品や技術を実際に使用する場面）を構築中の段階のようだ。「課金／収益モデルを考えるのはその後だ」というコメントもあった。

先ほどの〝過大評価〟をした当のボッシュ関係者も、「現時点では実験を行っている各ソリューションがバラバラに存在しており、プラットフォームの統一化もできていない状況」とも語っており、スマートシティの実現にはいましばらく時間がかかりそうだ。それでも、短期的には収益の上がらないスマートシティというプロジェクトに早期から取り組み、コストをかけてモビリティの未来を紡ぎあげようとする彼らの姿勢には、日本のサプライヤーが見習うべき点も多いように思う。

カギはやはり「コネクテッド」

それでは、スマートシティという大きなビジョンのもと、ボッシュは具体的にどのような取り組みを行っているのだろうか。モビリティ、とくにＣＡＳＥのうちのＣとＡの部分を中心に細かく見ていきたい。

ＣＡＳＥのうち、もっとも重要なコネクテッド（Ｃ）について、ボッシュはセンサー、ソフトウェア、サービスの「３Ｓ」の強みを自ら謳っており、多様な開発を行っている。たとえばＯＴＡ（無線による車両搭載ソフトウェアのアップデート機能）をはじめ、ドライバーから収集した情報を活用してリアルタイムで空き駐車スペースを探すコミュニティベースドパーキングのソリューションなどを開発している。

２０１８年２月に、ボッシュはコネクテッド・モビリティ・ソリューションズという部門を新たに立ち上げた。６００人ほどの人員が、コネクテッドのドライバー向けサービス（自動駐車機能ほか）、配車サービスやカーシェアリングのシステムを担当する。

「車両のネットワーク化はモビリティの在り方を根本的に変え、その結果、現在の交通が抱える問題の解決につながる。わが社にとっての成長分野であり、２桁の成長を目指す」（デナー会長）

コネクテッドのモビリティサービスを軸に、データへアクセスできる仕組みをいかに作れるかが勝負のポイントになるだろう。

自動運転（A）の分野では、各分野の有力企業との提携を行い、技術開発を進めている。ボッシュの動きで特徴的なのは同じドイツの有力メーカー、ダイムラーとの幅広い提携である。自動運転車両の共同開発（自動運転ソフトウェア・アルゴリズムの共同開発）を行い2021年から2022年の実用化を目指す。実際、ドイツ国内で2019年に「完全自動運転駐車機能」レベル4（特定の環境下でシステムが車両をすべて操作できる）という高評価の認定を受け、同じ年にアメリカ・サンノゼで自動運転車による配車サービスの実験も始まっている。ボッシュはそのほかにも中国でバイドゥ（百度）の自動運転プロジェクト（第5章で後述）にセンサーを提供するほか、アメリカの半導体メーカー・エヌビディアと自動運転向けスーパーコンピュータの開発で提携するなど、世界の有力企業と積極的に手を組んでいる。

ただし、モビリティサービスの収益化は（他社と同様）容易ではない。同社が手掛けていたeスクーターのシェアリングサービス「Ｃｏｕｐ」は2019年12月にサービスを終了している。

昨今の動きとしては、2020年7月に自動車用ソフトウェアとエレクトロニクスのグローバル事業を統合させてクロスドメイン・コンピューティング・ソリューションと呼ばれる部門を設立した。同社は、2030年までにこの分野の関連市場が900億ドル（約9兆9000億円）以上に成長すると見込んでいる。

ケーススタディ3

タイヤメーカーが自動運転車を手掛けるまで——コンチネンタル

コンチネンタルは、ブリヂストン（日本）、ミシュラン（フランス）、グッドイヤー（アメリカ）に続く大手タイヤメーカーだ。1871年にドイツで設立、2021年には150周年を迎える。タイヤのイメージが強い同社だが、実はタイヤ事業の売り上げは全体の26％まで減少している（2019年度の数字）。約15年をかけて100社以上の合併・買収を繰り返した結果、タイヤから自動車関連のハード・ソフトウェア全般を扱う世界屈指の自動車部品メーカーになった。

クラウドをベースにした車両ソフトウェアの更新、故障予測／車両管理などのサービスプラットフォームの提供から、自動運転車両の開発まで、今後デジタル分野において自動車メーカーが必要とする機能がワンストップで揃う〝品揃え〟である。2019年にはエンジンや吸排気装置などのモノづくりを行うパワートレイン部門を別途上場させると発表、さらに従来のタイヤ・ゴム製品を扱う部門と、自動運転／車両ソフトウェアを管轄するオートモーティブ部門の二つに組織改編を行った。まさに自動車業界のデジタルトランスフォーメーション（DX）を地でいく動きである。

今から5年ほど前の2016年、同社のアニュアルレポートには以下の記述がある。

〈昨今、自動車業界は、次代のモビリティの在り方を「事故ゼロ・クリーンな空気・（ネットとの）完全なコネクティビティ」と再定義を行った。必要とされるソリューションは、新技術の提供、新サービスの開発、そしてアプリケーションによるモビリティサービスだ〉

同社のウォルフガング・ライツェル会長（当時）は2017年、次のように語った。

「かつてのモビリティの成長は馬力によるものだった。現代のモビリティの成長は、数十億ビット・バイトという単位で（コンピュータによって）推進される。タイヤ製造、自動車部品サプライヤー、そして自動車業界のパートナーであったコンチネンタルは、先進的な技術とサービスを開発するプレイヤーへと変化する」

ハードウェアからソフトウェア／サービスにシフトすることで、これまでの部品産業から脱皮し、生き残りをはかるコンチネンタル。2020年12月には、11月に新CEOに就任したニコライ・セッツァーが50億ドル（約5500億円）相当の車載向けセントラル・コンピュータの受注を発表した。その動きはこれからも加速していくだろう。

コンチネンタルが目指す世界

コンチネンタルがタイヤやハード製品からデジタル技術に舵を切り始めたのは１９９０年代とかなり早い。自動車産業のデジタル化を早くから見据え、地道な研究開発・投資を続けてきたといえる。自動運転のコア技術となるセンサー（自動車の「眼」にあたる部分）は１９９０年代前半から投資を行ってきた。１９９０年代後半からは大小１００社以上もの合併・買収を続け、デジタルを包含する事業分野を強化・拡大し続けてきた。ＨＭＩ（ヒューマン・マシン・インターフェース＝ドライバーシートを中心に、主にドライバーと車両との情報の接点を指す）についても10年以上前から研究を行っている。他社と積極的に提携を行うことで、自社での保有が難しい技術を補完しながら成長を続けている。

技術の自前主義にこだわらず、顧客である自動車メーカーからのニーズを見据え、個々の部品レベルから複数の部品レベルを統合したモジュールへ、そしてモジュールからモジュールを統合したプラットフォームの提供へ、着実にバリューチェーンの上流を確保してきた。

それでは、先を読む力に長けたコンチネンタルは、今後、どのような将来像を描いているのだろうか。

同社は、2019年に「ストラテジー（戦略）2030」「トランスフォーメーション2019—2029」なるビジョンを発表している。前者では、組織再編とビジネスポートフォリオの調整を通じた事業効率性・生産性の向上、そして、将来の成長分野へのさらなる選択と集中を謳っている。このビジョンにもとづき、ヴィテスコ・テクノロジーズと呼ばれる内燃機関などのパワートレイン部門の上場予定を発表したのは前述のとおりである。同ビジョンで成長分野として想定しているのはコネクティビティ、自動運転向けのソリューション、電動モビリティなど、いわゆるCASEに通底する部分だ。

後者のビジョンでは徹底したコストの削減と注力分野へのフォーカスを強調している。人員および投資の削減、一部拠点の閉鎖、他社との共同投資（ジョイント・ベンチャー）持ち分の売却などによって、2023年までに年間10億ユーロ（約1300億円）ものコスト削減を目指す。投資や合併は次々と行うが、必要ないと判断した事業からもまた次々と撤退する——彼らの変革へのゆるぎない覚悟を感じる。

最終的にはデータをめぐる戦いに

コンチネンタルが取り組む、コネクテッド（C）と自動運転（A）についても概要をふりかえっておこう。まずはコネクテッドである。

同社では、コンチネンタル・クラウドという独自のクラウドサービスを開発し、このクラウドをベースに、車両から発生するデータの解析や地図データの作成など、自動車メーカーやディーラーが自らのサービス展開に活用可能な情報プラットフォームを提供している。また、コネクテッドや自動運転の実現に必要不可欠な5G技術やOTAに関する広範な研究開発も進めている。

特徴的なのは、ネットに接続した車両やインフラから収集したデータを活用し、サービス提供までを担う「一貫したデータサービス・プラットフォーム」の構築・提供を目指している点だろう。その背景には、車両から生成されるデータとそのデータを取得する接点を、モビリティ分野に参入してくるグーグルやアマゾンのようなITプレイヤーに何としても取られまいとするドイツ自動車産業の焦りがある。

たとえばコンチネンタルは、複数の自動車メーカーの車両から得られたデータを自社のクラウドサーバーに格納・分析し、データそのものは匿名化した上で、データから得られる分析だけを自動車メーカーを含む第三者に販売するというビジネスモデルを想定している。同社に限らず、このようなサービスを提供する部品メーカーは、自動車メーカーから提供されたデータの所有権を主張しないことを明確にするケースが多い。あくまでも車両から得られたデータを分析する「分析屋」に徹し、データサービスから得られる収益機会は自動車メーカーに渡すという目論見だ。自動車メーカーからすれば、データを吸い上げて勝手に収益化をはかろうとするITプレイヤーと比較すると、コンチネンタルのような自動車部品メーカーは共存共栄を図るパートナーとして映る。

5Gなどのインフラ整備によって、車両のネット接続が進み、自動運転が普及するにつれ、車両から生まれる「移動データ」「地図情報」などのビッグデータは、誰もが狙っている次代の競争力の源である。GDPR（EU一般データ保護規則＝EU域内での個人データの保護や取り扱いを定めた法律）をはじめとする欧州のデータ規制の影響によって、車両データの所有権に関する議論は長引きそうだが、自動車業界にとってデータの主導権をどこが握るかが最大のポイントであることは間違いない。一義的には、直接の顧客接点を持っている自動車メーカーが圧倒的に有利なはずだが、データ接点の喪失を恐れるダイムラーなどは、音声認識技術まで自社で開発を進めている。欧州の自動車産業をめぐる戦いは、このデータをめぐる戦いといっても過言ではない。

「重要な収益は2030年以降に生み出されるだろう」

自動運転の分野では、前CEOのエルマー・デゲンハート（健康上の理由により2020年11月に退任を発表した）が2019年に次のような予測をしている。

「2030年までには自動運転の周辺市場は、運転支援システムによってもたらされる。（自動運転に関わる事業については）重要な収益は2030年以降に生み出されるだろう」

一見、後ろ向きなコメントのように見えるが、着々と準備を怠らなかった者だけが、2030年からの繁栄を享受できる、という意味にとらえると、コンチネンタルがなぜ必死になって組織再編に取り組んでいるのかがよくわかる。

コンチネンタルの「キューブ」

同社では、センサー類をはじめとした自動運転に欠かせない部品領域の研究、クルージング・ショーファーと名付けられた高速道路での自動運転機能の開発、さらには自動運転の車両自体の開発にも乗り出している。コンチネンタルは、2019年にキューブというロボ（自動運転）タクシーやビーと呼ばれる自動運転のデモ車両を発表しており、自動運転分野では潜在的に高いレベルの技術を持っていることを示した。部品提供にとどまらず、いずれは車両そのものの生産・販売に乗り出していく可能性がある。従来のティア1（1次下請け）からティア0・5のプレイヤーを目指していると噂される所以《ゆえん》である。

ケーススタディ4

かつての「歯車屋」が一気にデジタル・プレイヤーへ――ZF

ここまで見てきたように、ボッシュはスマートシティ事業への注力、コンチネンタルは100社を超える合併や買収、いわゆるM&Aによって、それぞれ次代の自動車産業に適応した組織へと転換していった。

これからご紹介するZF（正式名称はZFフリードリヒスハーフェン。以下ZF）は大規模なM&Aによって一気に世界有数の自動車部品メーカーになった企業だ。2015年に米国の部品メーカーTRW（正式名称はTRWオートモーティブ）を124億ドル（約1兆3640億円）で買収したのだ。

ZFとはドイツ語で「歯車工場（Zahnradfabrik）」の略称であり、もともとはギアなどの変速機、駆動装置などを主力製品としていた。いわゆるメカを得意とするサプライヤーで、地元のドイツ系自動車メーカーに強みがあった。一方、当時のTRWは電子制御技術、電子センサーなどを得意とし、米国系の自動車メーカーが主な取引先だった。商品や取引先の面で大きなシナジー（相乗）効果を得られることを見越しての買収だった。コンチネンタルが約20年かけて行ってきたことを、ものの数年で一気に進めた形である。

ＴＲＷとの事業統合を推し進めた当時のシュテファン・ゾンマーＣＥＯ（２０１７年12月に退任）の強力なリーダーシップのもと、かつて「歯車屋」などと呼ばれた企業が一足飛びにデジタル・プレイヤーへと転換した。コンチネンタルと並ぶ、自動車産業のデジタルトランスフォーメーションの成功事例と言えよう。その軌跡と今後の狙いを俯瞰《ふかん》してみたい。

「ビジョンゼロ」を掲げ、自動運転・ＥＶに注力

コンチネンタルが「ストラテジー２０３０」というビジョンを掲げたように、ＺＦもまた２０１７年に「ビジョンゼロ」というコンセプトの採用を発表（もともとはスウェーデンの国会が発案したもの）、大きな方向性を示唆している。ＺＦがここで言う「ゼロ」とは「自動運転技術開発による交通事故のゼロ」と「電動化によるゼロエミッション（排出ゼロ）」を表しており、同社はこのビジョンに沿った研究開発を推進している。ポイントは、自動運転技術についてでは、最初から外部との連携を基本に考えているという点だ。

「自動運転に必要な技術をすべて自前でまかなうのは不可能。他社との連携が欠かせない」「（提携は）足りないパズルのピースを埋めていく作業に近い」「車のあり方が変わる10年先を想像しながら、今やるべきことをやっていく」と、同社の取締役の一人は日刊工業新聞

に対してコメントしている（２０１７年7月19日付）。

一例としては、自動運転車両向けのＡＩ半導体開発では世界の一角を占めるアメリカの半導体メーカー、エヌビディアと提携し、自動車向けスーパーコンピュータ（ＺＦ　プロＡＩ）の開発を続けている。このコンピュータを活用し、自動運転ではレベル２（運転の主体は人であるものの、一定条件下でハンズオフが可能になる部分運転自動化）のパッケージ「コパイロット」を２０１９年4月に発表、２０２１年からの提供を予定している。同じくエヌビディア、そしてドイツの自動車部品メーカーのヘラーと協業し、ＡＩを活用した自動運転車両向け安全性ソリューションの開発、あるいは、フランスの自動車部品メーカーであるフォルシアと提携を結び、自動運転向けの安全・快適なコックピットを共同開発するなど、他社とのタッグによって、自動運転システムのサプライヤーとしての立ち位置を確立しようとしている。

ＴＲＷとの超大型Ｍ＆Ａの後も買収への意欲は衰えておらず、２０１９年3月にはブレーキングシステムなどの開発で知られるスイスのワブコを70億ドル（約７７００億円）で買収した。

２０１８年以降、５年間で自動運転とＥＶ開発に１４０億ドル（約1兆５４００億円）の投資を行うとしている。技術の自前主義にこだわらず、他社との提携や買収に積極的に踏み切ることで、旧来の自動車部品メーカーから脱皮しようとはかる、ZFの強い決意がうかがえる。

「両利きの経営」を行いつつ、ビジネスモデルの変革ができるか？

むろん、買収・合併は簡単なプロセスではない。

歴史的にみれば、買収・合併が思惑どおりに進む確率はむしろ低い。既存の事業が安定してキャッシュを生み出しているからこそ、ビジネスモデルの転換を進められるという側面もある。同社の元従業員に筆者が話をきいたところ、次のように話してくれた。

「ZFはメカニカル（機械）の会社であって、世界のレベルでみたらコネクテッドや自動運転の部分では明らかにディスアドバンテージを負っている。だからこそ、少しでも早く追いつくために提携は必要だ。というより、他の選択肢はないだろう。ただし、現在の状況は非常に流動的だと思う。そのような中で、デジタルとは関係がないとしても高い収益をあげている事業をわざわざ捨てるのはナンセンスだ。このまま歯車や変速機といったメカニカルを事業の中心に据えていく可能性も十分にある」

既存のビジネスとの折り合いをつけながらも、新たな事業への転換をさらに進められるか、いわゆる「両利きの経営（スタンフォード大学のチャールズ・A・オライリー教授、ハーバード大学のマイケル・L・タッシュマン教授が示した企業イノベーション理論）」が問われている。従来の事業を守りつつ、一方で未来への変革に向けてデジタルトランスフォーメーションのギアを加速させることができるのか――ZFのチャレンジは、日本の自動車産業の今後の姿にも一石を投じている。

欧州に学ぶ、自動車産業のDXに必要な三つのポイント

ここまでドイツの自動車業界を中心に、変革の方向性について述べてきたが、主に、以下のように要点を類型化できるのではないかと思う。

第一に、自社だけでは不足する機能を躊躇《ちゅうちょ》なく買収・合併を通じて補完するという姿勢である。ダイムラーによるモビリティサービス事業の積極的な買収、あるいは、タイヤメーカーのコンチネンタルや変速機ほかのメカに強いZFが積極的な買収・合併を行いデジタルトランスフォーメーションを実現していく。世界ではかくも激しい合従連衡が行われているのだ。

第二にオープン・イノベーションの重要性だ。自社以外、つまり、外部との研究開発協力を通じ、外部のリソースを効率的に活用しイノベーションを進める。ZFとエヌビディア、フォルシアとの提携などが典型的だ。必要と判断すれば、自動車業界以外とのアライ

アンスも躊躇なく活用していく。とくに現在のような業界構造変化のスピードが速い時代にはオープン・イノベーションが求められるだろう。

第三に組織の大胆な再編成である。GAFAのような規模とリソースを備えた企業でもない限り、すべての新技術やビジネスモデルを自前で進められる会社は稀であり、どうしても事業やリソースの絞り込みが必要になってくる。パワートレイン部門の別途上場に踏み切ろうとしているコンチネンタルは、思い切った処置によってデジタル分野への資源の選択と集中を一気に推し進める。ダイムラーによるモビリティ部門の設立もしかり。戦略に応じて組織を変えていく柔軟さが肝要だということだ。

これらの3点を中心に俯瞰していくと、各プレイヤーが従来のバリューチェーンの枠を超えて活動する（しなければならない）時代が来ていることを痛感させられる。

ヨーロッパの自動車大国、ドイツではかくも激しい組織変革が急激なスピードで進んでいる。次章では、アジア最大の自動車大国となった中国から、さらに速いスピードでCASEへの対応、デジタル化が進んでいる各メーカーについて詳述していくことにしたい。

第5章　いま中国で何が起きているのか

桑島浩彰

中国「EV大国」時代がいよいよ始まる

コロナ禍から速やかに経済活動の復活を果たした2020年の中国を揺るがしたのは、やはりテスラだった。

「2025年までに自動車製造強国になる」「同年までに新エネ車（電気自動車・プラグインハイブリッド車・水素自動車などを指す）の割合を20％まで高める」「2035年には新エネ車の割合をさらに60％にする」という大目標を掲げている中国政府は、新エネ車の購入に大量の補助金を投入した結果、一時期は国内で500社近くものEVメーカーが乱立したとされ、「EVバブル」の様相を呈していた。

2020年の中国での新エネ車販売台数は、前年比11％増の約137万台（電気自動車112万台、プラグインハイブリッド車25万台）まで増加した。この年、同国内で販売された自動車の総数約2530万台（前年比1・9％減）の約5％に過ぎないが、着実に伸びている（ちなみに同年の日本での自動車新車総販売台数は前年比11・5％減の約460万台である）。

そして、その新エネ車のうち、テスラは実に12万台強を中国国内で売った。同社の2020年における全世界の販売台数は約50万台であり、実に4台に1台を中国で売った計算になる。

2019年に、わずか11ヵ月という驚異のスピードで上海に建設されたテスラの巨大な生産工場「上海ギガファクトリー」は、年間50万台強の生産能力を持つ。2021年には現在生産中の「モデル3」に加え「モデルY」も30万台弱を生産する予定で、今後は欧州や東南アジア、オーストラリア、日本への輸出を予定しているとされる。

中国政府が掲げた野心的な目標からはまだまだ遠いが、いよいよ中国でも新エネ車生産拡大の火が付いたと言えるだろう。

2020年、中国の自動車業界に起こった出来事でもう一つ注目すべきは、バイドゥ(百度)、アリババ(阿里巴巴)、テンセント(騰訊)の3社(以下BAT)のような巨大ITプレイヤーに資金的に支えられ、500社の生存競争を勝ち抜いてきた巨大EVスタートアップの勃興《ぼっこう》だ。具体的には、NIO、LIオート(理想汽車)、シャオペン・モーターズ(小鵬汽車)、WMモーターなどが挙げられる。2018年に米国で株式上場を果たしたNIOを筆頭に、この4社だけで約80億ドル(約8800億円)もの巨額な資金を調達している。

その一方で、中国国内で今後年60万台以上のEVの生産を予定しているフォルクスワーゲンや、EVの新型SUVを投入するダイムラー、後述する中国自動車メーカーのBYDとの協業を発表したトヨタなど、グローバル大手の動きも見逃せない。

中国では、いよいよ本格的な「EV大国」時代が幕を開けようとしている。

わずか5年で世界の最先端に

中国は現在、世界の新車販売の約3割を占める世界最大の自動車市場だ。そして欧米と同様に、中国の自動車産業界でもグローバルな規模でのCASEの動きが加速している。

かつての中国の製造業は、安価な労働力を活かした低コスト・低品質の商品を大量に作るというイメージだった。自動車産業でいえば、80年代に中国に進出したフォルクスワーゲンを始め、外資との合弁によって民族系資本が自動車生産を行いつつ、技術を蓄えていくという図式だった。だが、中国の経済成長や人件費の高騰により、その様相は急速に変わりつつある。自動車業界においても、国営自動車メーカーのような既存のプレイヤーだけでなく、創業から数年で数千億円規模の資金調達を敢行し、文字どおり「爆速」で成長するEVスタートアップ企業の登場、BATほかIT大手の自動車産業への参入などが契機となって、ここ5年のうちに、産業全体が大きな変化を遂げ、世界の最先端となった。いまや中国という国自体が自動車産業の巨大な実験場と化しつつある。

ただし、この変化を単なる「自動車産業の変化」として捉えてしまうと、正しい認識を得ることはできない。BATやITからの流れを押さえた、より大きな流れで理解する必要がある。この章では、規模もスピード感も、もはやアメリカのシリコンバレーさえも超える勢いで変化を続ける中国自動車産業の巨大な「エコシステム（生態系）」をとらえてみたい。

中国におけるCASEの状況

中国のCASE推進の最大の特徴は、前述したようにBATをはじめとしたIT大手、インフラ側ではファーウェイ（華為技術）のような通信機器大手が続々と参入し、既存の自動車メーカーと積極的な提携関係を結びつつ、自らも中核的なプレイヤーとして主要な役割を演じている点だろう。日米の既存の自動車メーカーは、GAFAのようなITプレイヤーとの提携に積極的ではない（少なくとも現時点では）。これは、データを起点とするモビリティサービスや顧客接点を奪われることを自動車メーカー側が警戒しているからとされている。

ところが、こと中国においては自動車産業自体の歴史が短く、BATのような、大量のデータを保有する国内企業が発展していることもあり、むしろ自動車メーカーの側からIT大手と積極的に手を組もうとする姿勢も目立つ。

BAT内でも、自動運転プラットフォームの拡大を狙うバイドゥ、車載OS（スマートフォンにおけるアンドロイドやiOSにあたる。車内音声操作や車両の遠隔操作およびモニタリングなどを行うソフトウェアプラットフォーム）を軸としたコネクテッドに強いアリババ、車載向けコンテンツ（中国のインスタントメッセンジャーアプリ〔ウィーチャット〕車載版など）に強いテンセントなど、それぞれに強みがある。当然ながら、彼らは、車単体ではなく、その先にある都市インフラから交通プラットフォームまで、幅広い視点で事業に進出する機会を狙っている。以下、順番にみていこう。

車載ＯＳのアリババ　自動運転のバイドゥ

コネクテッド（Ｃ）の分野では、車載向けサービスのカギを握るデータを取得するうえで必要不可欠なユーザーとの接点は、当初は自動車メーカーではなく、アリババが主導権を握ろうとしていた。たとえば、アリババと、国営最大手自動車メーカーである上汽集団（上海汽車集団）とが提携し、アリＯＳと呼ばれる車載ＯＳを開発している。同ＯＳは、上汽集団の、中国初のコネクテッドカーである「栄威ＲＸ５」に初搭載され、２０１７年には早くも40万台が販売されている（上汽集団については後述する）。現在アリババが提携する自動車メーカーは外資メーカーも含めて10社に拡大するなど、アリＯＳは中国における車載ＯＳとしての一大勢力である。

また、アリババは「智能高速公路（スマートハイウェイ）」戦略も掲げている。具体的には、政府の交通部（日本の国土交通省に相当）と連携し、アリＯＳの技術を活かして道路インフラの設計まで着手するなど、道路という「面」でのデータ取得に向けて更に踏み込んだ動きを行っている。なお、アリババは、政府が指定する5大AIプラットフォーム企業の1社として政府からスマートシティ分野を割り当てられており（中国政府認定の「五大人工知能オープンイノベーションプラットフォーム」と呼ばれ、バイドゥが自動運転、テンセントがスマート医療などを割り振られている）、通称「ETブレイン」と呼ばれるスマートシティの都市計画にも関わることで、将来的には中国での「車」と「都市」の機能全体を大きく変えてしまう可能性を秘めている。

この流れに、ファーウェイも続こうとしている。同社では車と都市の両面に、「コネクテッド」「自動運転」の分野を中心に「端（エッジコンピューティング＝ユーザーに近い端末側でデータ処理を行うこと）」「管（ネットワーク）」「雲（クラウド・サーバー・データセンター）」の三つの戦略指針を立て、通信モジュールや自動運転チップを車に実装することで、都市のスマート化に食い込もうとしている。後述するようにバイドゥも最近になって独自の車載OSを開発したが、アリババに比べると両者ともに後発のポジションである。

自動運転（A）の分野では、センサーや半導体をはじめとしたハード面の開発から、中国でも人工知能アルゴリズムや画像認識技術といったソフトウェアの開発に移りつつある。同国の自動運転開発における注目株は、バイドゥの「アポロ」プロジェクトだろう。

レベル４の自動運転バス「アポロン」

これは、自動運転技術の開発とその技術普及のための環境づくりに注力するバイドゥが、２０１７年に１００億元（約１７００億円）の投資ファンドを組成して活動を開始したものだ。同プロジェクトでは、国内外トップクラスの自動車メーカーやティア１（１次下請け）サプライヤー、ＩＴ大手、ベンチャー企業など約１３０社（２０１９年３月時点）を巻き込み、自動運転に必要とされる４領域（クラウド〔ＨＤマップ・データプラットフォームなど〕／車載ソフトウェア／ハードウェア〔センサー・ＧＰＳなど〕／車両）で研究開発を続けている。ダイムラーやフォード、ボッシュやコンチネンタルといった大手メーカーやティア１サプライヤーが含まれており、当初から世界展開を強く意識したものとなっている。

なお、２０１８年には、自動運転プラットフォームの「アポロ３・０」を公開し、限定されたエリアでレベル４の自動運転を実現したバス「アポロン」１００台を生産、ソフトバンクと組んで日本展開を狙うなど、この分野で世界をリードする動きを見せている。同じく2018年には、音声認識をベースとしたコネクテッドOS（Duer OS）を「アポロ3・0」に統合し、アリババのアリOSに続いた。2019年1月にはバージョンアップした「アポロ3・5」をリリース、2020年9月には北京で自動運転タクシーのサービスを開始した。バイドゥの地図アプリやアポロの公式サイトで予約・試乗ができる。生活圏・商業圏を含む約100ヵ所に乗り場がある。

シェアリングで世界を席巻するディディ

さて、シェアリング／サービス（S）の分野では、中国版ウーバーと呼ばれるディディ（滴滴出行）が、アリババ・テンセント・バイドゥ各社の投資を巻き込みながら、世界最大級の配車アプリへと成長した。ディディは2016年にウーバーの中国事業を買収、その後も東南アジア、アフリカ、中東など、世界各地の配車サービスに投資するなど、シェアリング分野での世界展開を加速させている。日本でもソフトバンクが同社に投資したり、あるいは同社が第一交通と提携したりと、「滴滴」の名前を目にしたことがある人は多いだろう。

こうしてディディは中核事業であるシェアリングの黒字化に取り組む一方、地図情報やEV規格標準化にも進出を始めている。未来のシェアリング事業のあるべき姿を描き、自動運転についても米国に研究所を設立して研究開発を進めるなど、ライドヘイリングを軸とした、中国のモビリティを支配する構想を描いている。なお、2019年には、後述する中国最大手電気自動車メーカーのBYDとライドへイリング用自動車の共同開発を発表し、独自のモビリティ・エコシステム構築に向けて更に動きを加速させている。ライドへイリングサービスの世界的な拡大により、自動車のコモディティ化（一般化・市場価値の低下）が進むとされているが、ディディはその台風の目となるだろう。

CASEの最後——電動化（E）の分野では、すでに述べたように、中国政府の積極的な新エネ車の産業政策を受けて、各メーカー群雄割拠の状態が続いている。既存の自動車大手はもとより、BYDのような電池生産という専業からEVメーカーに拡大した例もある。加えて、ここ5年ほどのあいだに数千人規模の企業に急成長を遂げ、米国ニューヨーク市場への株式上場を果たしたNIOのような超大型ベンチャーも勃興している。

CASEに全力を挙げているのは新興メーカーだけではない。たとえば1986年に冷蔵庫の部品製造会社として創業した後、積極的な買収を通じて中国最大の民営自動車メーカーにのし上がったジーリー（吉利汽車）も要注目だ。2010年にフォードから18億ドル（約1980億円）でボルボを買収、子会社化した——のちに触れるように、ジーリーの躍進はそこから始まった。いまや同社は中国発のグローバル自動車メーカーとして世界進出の動きを見せており、全方位でCASEへの積極投資を続けている。国営企業、いわゆる政府系の自動車メーカーの中で最大手である上汽集団は、政府系自動車企業として初の「四化概念（＝CASE）」を取り上げ、アリババとの提携のみならず、自社単体で自動運転やシェアリングへの投資を強化するなど国内トップランナーとしてこちらも要注目だ。

次節以降ではここに触れたNIO、BYD、ジーリー、上汽集団の4社の事例を取り上げる。いずれもCASEを起点に自社や業界のイノベーション・再編に積極的に取り組む企業である。中国ではCASE関連の投資が2015年ごろから本格化し、2019年5月時点では少なくとも1800社が累計9・4兆円の資金を調達している。現在の日本で議論が活発な電動化のみならず、コネクテッド、自動運転、シェアリングのすべてにおいて圧倒的に投資が進んでいる中国のダイナミズムを具体的に示していくことにしたい。

ケーススタディ1

車両生産より「極上の顧客体験」提供を優先――NIO

NIOは、2014年に設立された中国の新興EVブランドで、「中国版テスラ」とも目される存在である。打倒テスラを掲げ、創業から4年でアメリカでの上場を果たすも、2020年までに約60億ドル（約6600億円）の損失を計上、コロナが襲った2020年前半には経営危機説も流れた。リストラや、生産工場のある合肥市政府から14億ドル以上の出資を受けて危機を乗り切った後は、年度後半の中国経済の回復に伴い、業績が急回復している。同社の時価総額は、ＢＭＷやＧＭ、フォードなど、グローバル大手自動車メーカーの時価総額と肩を並べている（２０２１年４月現在）。昨今のテスラの株価上昇につられている面も否定はできないが、株式市場からの期待値は高い。肝心のＥＶにおいても、同社が誇るＥＶスーパーカーのＥＰ９が２０１６年にＥＶとしては史上最速となる時速３１２キロを記録。加えて、中国の新興メーカーの中ではいち早く量産可能な体制を整えているなどといった優位性が目立つ。

NIOの誇るEVスーパーカー「EP９」

現時点では、初期のテスラと同様に、いまだ損益分岐点を超えて黒字化するには至っていないものの、勢いがあるという点では、今後の中国でもっとも注目されるべきＥＶメーカーの一つである。

カリスマ創業者と著名投資家

ＮＩＯの創業者の顔ぶれは多彩で異彩を放っている。業界の「生え抜き」人材が経営陣に名を連ねる通常の自動車メーカーとは明らかに違う。

一人目の創業者は李斌氏。自転車のシェアリングサービス（モバイク）や自動車情報サイトなど、ウェブ・自動車業界を中心に40社以上もの起業・ベンチャー投資経験を有する人物である。「スモッグで灰色がかった北京に、青空を取り戻す」という壮大なビジョンを掲げて「上海蔚来《ＮＩＯ》汽車」（「蔚来」は〝青空の訪れ〟の意味）を立ち上げた。二人目は、チェリー自動車（奇瑞汽車）販売会社の副総裁や、ドイツのコンサルティング企業ローランドベルガーでプロジェクトマネジャーを務めていた秦力洪氏。ブランドマーケティングや新規事業開発の専門家だ。そして三人目はフィアットやフォードの中国部門の総裁を歴任した鄭顕聡氏。自動車部門の購買、物流分野の経験が豊富な人物とされる（なお、鄭氏は２０２１年１月にフォックスコン〔鴻海科技〕ＥＶ部門のＣＥＯに転身した）。自動車本体よりも、ウェブやブランディングに強みを有する経営陣といえるだろう。創業者以外にもテスラの元ＣＩＯやボルボ中国の元ＣＥＯらをヘッドハンティングし、グローバルな自動車業界のスキル、ノウハウ、人脈の補強に努めた。

創業者の理念が体現されたのか、ＮＩＯは、車の製造ではなく「顧客体験向上のサービス販売会社」として自社を位置づけており、従来の自動車業界の思考や枠組みにとらわれない発想や多様性を重視している。一部のリチウムイオン電池周りのコア部品を除き、自社による車両製造にはこだわらない。むしろ、車体設計やブランドマネジメント、アフターサービスに経営資源を集中し「顧客の体験・満足度」を重視する。その発想はアップルに近い。

同社へ投資を行ってきた企業としては、テンセントやバイドゥ（いわゆるBAT）や、アメリカの大手ベンチャーキャピタルであるセコイアキャピタルなどが知られている。

要するにNIOという企業は、テクノロジーやブランディングに関する経歴や強みを持つスター創業者と、自動車業界の知見とを組み合わせ、さらにIT成長分野への投資に強い投資家のマネーによる後押しによって中国自動車業界の最前線に食い込んできた、まさにCASE時代の「申し子」と言えるだろう。

「圧倒的な顧客体験」を作り出す秘訣

NIOは、2020年、テスラが中国で販売した数の約3分の1にあたる4・3万台強の年間販売実績を達成した。また、創業者・CEOの李斌氏が「我々の車は同じ価格のガソリン車に（品質では）負けない」と述べているとおり、すでに中国では、最高級・ハイエンドブランドとして認知されている。同社のエントリーモデルとされるES6の値段は36万元弱（約570万円）からと、積極的な安値攻勢を仕掛けているテスラのモデル3よりは3割ほど高めだ。競争の激しい中国のEV業界において、短期間でハイエンドブランドを構築するのは容易ではない。その秘訣はどこにあるのか。

第一に、そのデザインの美しさである。NIOの企画・開発は主にドイツ・ミュンヘンで行われてきた。BMWの元デザイナーを車体設計のナンバー2に起用し、本社・マーケティング機能は上海に置きつつも、ハイエンドにふさわしい先進的なデザイン・設計をヨーロッパで追求してきた。

第二に、同社が追求する「極上の顧客体験」の徹底ぶりだ。テスラと同様、ディーラーを通さない直販モデルを採用し、公式アプリやオフラインでのコミュニティを通して、顧客接点と顧客体験の自社でのコントロールを行った。オンラインでは、NIO Appと呼ばれる自社アプリを提供し、購入者向けイベントの開催や、オーナー同士の交流を促進し、ブランドの構築と高いロイヤリティを目指した。

オフラインでは、NIOハウスと呼ばれる、豪華なリアルの「場」を提供し、商品の体験やカフェテリア、図書館、子どもの遊び場など、家族で楽しむための多様なスペースを提供している。こうしてNIOならではの顧客体験を高めるための取り組みを行ってい

NIOハウス

る。ユーザーからは「40万元（約640万円）で憧れのコミュニティに入れて、車もオマケで付いてくる」という声が聞こえる。つまり、車のオーナーになるというよりも、NIOが作り上げたブランドコミュニティの一員として、車を買い、優越感に浸るのである。

コア以外は不要？――車体生産さえも外注に

このように顧客体験やサービスに注力する一方で、自動車メーカーでありながらNIOは車体製造・生産はほぼ外注している。ただし、視点を変えれば、この割り切った体制は同社が短期間で急成長した理由でもある。

従来の自動車業界は、系列企業を含め、企画、開発、部品調達、車体製造までを一貫して手掛ける「垂直統合モデル」が一般的であった。特に車体製造こそ、本来の自動車メーカーが持つ大きな強みであり、自前の工場を持ち、自ら製造を行うことが当然の前提と考えられていた。トヨタ生産方式のように、自動車メーカーの製造分野から効率性の高いオペレーション・生産方式も生まれている。だが、NIOはハイエンドブランドとして差別化要素である企画、開発、デザインの部分とEVのコア部品の製造以外は第三者に委託してしまった。車体を含む、それ以外の部品についてはモジュール化して外注しており、NIOは車のプロデューサーとして機能する位置づけである。アップルをはじめ、家電などの他業界であればこのようなスタイルも珍しくはないが、自動車分野では新しいアプローチだ。いや、むしろこれはこれからの自動車メーカーにとって一つの方向性を示すものとなるだろう。NIOも同業他社と同様に、一部部品の発火など品質上の問題とは決して無縁ではないが、部品点数の減少、簡素化が進み、ハードウェアからソフトウェアに付加価値が移行するEV車の時代にあっては、グローバルな自動車産業を先取りした動きとも言えるだろう。

コネクテッドOSや自動運転OSも着々と開発

NIOのCASEへの取り組みについても簡単に触れておきたい。ポイントは、ここでも、「ハードウェアは中国国内外の大手と連携」「ソフトウェアは自前」という、ソフト重視の同社らしい姿勢である。

コネクテッド（C）の分野では、NIOはNOMIと呼ばれる自社開発の人工知能と音声認識をベースとした車載ＯＳを自前で開発し、ＮＩＯ以外の車にも転用できるプラットフォームを目指している。ＮＯＭＩでは、音声認識や、温度の自動調整、空気浄化、自撮りサポートといった機能が想定されている。

自動運転（Ａ）については、現時点までにレベル２（部分運転自動化＝ハンズオフ＝運転の主体はあくまで人間）を実現しており、今後レベル４（特定条件下における完全自動運転＝ブレインオフ）を目指すとしている。ＮＩＯは、ＮＩＯパイロットと呼ばれる自動運転ＯＳを自社で開発しており、ＥＳ８というモデルに搭載している。これは中国国内の量産車において、２０１７年のデビュー当時は最先端の自動運転補助システムだった。アダプティブクルーズコントロール、車線変更補助システム、自動ブレーキ付き衝突警告システム、自動駐車システムなどが含まれ、無線によるソフトウェアアップデートも可能。自動運転で先行するバイドゥを意識し、将来的には自動運転ＯＳのプラットフォーム化も視野に入れている。

シェアリング／サービス（Ｓ）については、ディディの独占を防ぐべく、他のプレイヤーを育成する方針を掲げ、バイドゥと共同でネット配車サービスの首汽約車に7億元（約１１２億円）を投資した。ＮＩＯは自社の投資部隊であるＮＩＯキャピタルを通じて、自動車関連産業へのベンチャー投資も行っている。さらにＮＩＯキャピタルと首汽約車とが共同で50億元のファンドを立ち上げ、モビリティ分野への投資を行うなど、ＮＩＯを中心としたエコシステム構築を意識した新たな技術、ビジネスの探索にも積極的だ。

ＥＶの分野では、電池の管理会社の設立を計画している。ＮＩＯのＥＶは３分で電池交換が可能なバージョンもあり、充電ステーションでの充電だけでなく、移動充電車、電池交換ステーションによる充電サポートを行っている。電池交換ステーションは２０２０年９月時点で中国全土に１３０ヵ所を超えており、平均して週１店舗のペースで増えている。電池の管理会社を設立することにより、バッテリー・アズ・ア・サービス（ＢａａＳ）事業を運営する想定で、中国の最大手電池メーカーであるＣＡＴＬ（寧徳時代新能源科技）も出資を表明した。電池と車両本体の価格を分けることで、ＥＶ本体の価格を下げる、あるいは、走行距離に応じた利用料のプランを選択できるようにする、などの狙いがあるとみられる。

ケーススタディ２

経営理念を転換、垂直統合から変容する――ＢＹＤ

ＢＹＤはもともと１９９５年に携帯電話のバッテリー製造企業としてスタートし、２００３年に自動車産業に参入したという異色の新参プレイヤーである。２００８年にはプラグインハイブリッド車を販売するなど中国においてもユニークな歴史を持つが、現在では新エネ車販売のトップランナーの一角（2019年でEVとプラグインハイブリッド車で計23万台弱を販売。テスラは全世界で37万台弱）を占める。

同社は商用車EV化の牽引役でもある。アメリカを含む世界各地にEVバス、EVトラックの生産工場を持ち、アメリカ・シリコンバレーでもスタンフォード大学の周辺をBYDのEVバスが走っている姿がよく見られる。

創業者の王伝福氏は29歳で起業し、独自の理念で20年以上同社を統率している。まさに現代中国を代表する起業家の一人だ。そのBYDの経営理念は、「技術為王、創新為本（技術に基づき、イノベーションを重視）」、「半自動加人工（半自動と人手を組み合わせる）」、そして「垂直統合」の三つである。

2点目の「半自動と人手の組み合わせ」とは創業当時、日本からの大型設備の導入資金が不足していたことから、高価な機械に相当する製造業務を安価な労働力に頼り、人海戦術でカバーしたことに由来する。高額な機械の導入に比べ、人手による作業は安価で信頼性が高く、小回りが利くことから、機械を前提とし、自動化を中心とする日本・欧米型の製造方式に対するアンチテーゼとして維持してきた経緯がある。3点目の「垂直統合」についてては、大量のエンジニアを抱えることで、消費者のニーズに迅速に対応し、ソリューション設計から最終生産まで一気通貫での提供を謳ったものだ。近年まで、BYDは、外部から調達するのは一部の部品、材料に限られ、設計から生産まで、サプライチェーンのほぼ全体を自社でカバーしていた。かつて鉄鉱石の鉱山まで保有したフォードを彷彿とさせる。

このように、人手と機械を組み合わせながら垂直統合を図り、優位性を確立してきたBYDではあるが、近年、その垂直統合に変化の兆しが見えている。中国でも人件費が高騰し、また、規模の拡大に伴った人員増によるサプライチェーン管理の負担も大きくなってきたため、部品調達サプライチェーンのオープン化と電池の外販に大きく舵を切ったのである。

虎の子だった車載電池を外販へ

近年、BYDは、通称三電システムと呼ばれるEVの基幹部品〔電気モーター、コントローラー〔パワーエレクトロニクス〕、リチウムイオン電池〕以外の部品を外部からの調達に切り替える方針とした。生産拡大に伴い、コアとなる部品のみを自社の強みとして社内に残しつつ、コスト効率の向上を目指したのだ。基幹部品である電池については、中堅自動車メーカーである長安汽車との提携を発展させ、電池の供給に加え、電動関連部品の設計や部品調達、試験、生産を共同で行っている。

さらに大きな動きとして、本来彼らの虎の子、最大の強みであった車載電池（リチウムイオン電池）の外販へ向けて、中国国内外の自動車メーカーに対して積極的な営業活動を行っている。EV用の電池としては、トヨタとも提携している、世界最大の車載用電池メーカーのCATLの優位が目立つが、BYDが挑戦状を叩きつけた形だ。

電池以外にも、自動車用電球、カーエレクトロニクス、パワートレイン、車体、部品の溶接・生産ラインなどといった部品・サービスの提供を行う子会社を設立する一方で、半導体事業を手掛ける傘下企業はベンチャーキャピタルからの出資も受け、スピンオフ、上場を目指した。

つまり、携帯電話バッテリーメーカーからスタートしたBYDは自動車メーカーを経たのちに、部品サプライヤー、つまりティア1（1次下請け）としての顔を見せ始めたのだ。これは、繊維機械製造を皮切りに自動車事業に進出し、今では完成車メーカーとしての立ち位置を維持しつつも、再びハイブリッドや燃料電池システムをグローバルに供給しようとしているトヨタの歴史を彷彿とさせる。ちなみに両社は2020年にEVの研究開発を目的として、深圳に合弁会社を設立した。

商用車すべてをEVに替える?

「2020年は中国のEVメーカーにとって転換点。これまでは化石燃料から電気への転換がメインテーマだったが、今後はスマート化が焦点だ」

2020年11月、BYD創業者である王伝福董事長《とうじちょう》はそう語った。同社もまた、CASEに向けた布石を着々と打っている。

同社の主軸であるEV(E)については、2015年4月に「7+4」戦略を掲げ、幅広い分野での新エネ車対応を目指している。具体的には、七つの通常領域(乗用車、市内バス、タクシー、商用バス、商品物流トラック、ミキサートラックなどの建設物流、清掃車のような環境衛生車両)と、四つの特殊領域(倉庫、鉱山、空港、港湾での特殊車両)を指す。各ステージで使用される車のEV化を目指す戦略である。なお、BYD本社のある中国・深圳のタクシーは全車EV化が達成されており、BYDの車両が中心となっている。EVタクシーはもはや深圳ではおなじみの光景である。

コネクテッド(C)については、コアとなる自社車載OSであるDiリンクを開発し、このOSを基盤に、車両とスマートフォンとの連携や無線アップデートなども実現する構想である。同社の楊冬生商品企画・自動車新技術研究院院長は、「開放してこそ生き残ることができ、閉鎖すれば廃れていくものだが、業界内のオープン化はまだ不十分」、「インターネット企業が我が社にもたらすのは、プレッシャーではなく、さらなるパワーだ」と述べており、オープン化への強い意志がうかがえる。実用化に向けて、2018年9月に、BYDの一車種である秦Proを、D++エコシステムを搭載した車種として初めて発表した。

自動運転（A）の分野では、独自の自動運転技術研究所を設立し研究開発を進めるほか、自動運転技術で先行するバイドゥと自動運転車を共同開発しており、同社のアポロプロジェクトにも参画している。BYDとファーウェイは共同で、自動運転モノレールの開発にも着手している。

BYDのEVタクシー

なお、シェアリング／サービス（S）の分野については、大手のディディと商用タクシー専用車両の共同開発を発表しており、2020年11月には世界初のライドヘイリング専用モビリティ「D1」を発表、2021年に10万台の生産を計画している。ライドヘイリングで自動車のコモディティ化が進むとされる流れに先行した形だ。余談だが、ディディは現在、複数の自動車メーカーとの合弁を推進しようとしている。ライドヘイリング大手が自動車製造に進出するという、新たな流れである。

ケーススタディ3

欧州メーカーの買収・資本提携を重ねて自らも高級ブランドに——ジーリー（吉利汽車）

ジーリー（吉利汽車）は現在、中国最大級の民営自動車メーカーである。1986年に冷蔵庫の部品メーカーとして発足、1997年に自動車産業に参入して以来、2002年には政府から主要自動車メーカーとして認定されるなど、国営自動車メーカーが主流の中国自動車業界で大きな存在感を発揮してきた。もともと低価格帯の自動車ブランドを展開していたが、欧州メーカーの買収などを通じ徐々にブランド価値を高め、近年では最先端のCASEへの取り組みにも注力するまでに至っている。

飛躍のきっかけは2010年。赤字経営だったボルボ・カーズ（以下ボルボ）の買収である。経営再建を進めていたフォードからボルボの乗用車部門を18億ドルで手中に収めた。その結果、欧州の先端技術やサプライヤーへのアクセスなどを一気に獲得し、中国民族資本である同社の技術力向上に大きな貢献をもたらしたのだ。その際、ボルボへの過度の介入を避け、経営の独立性を維持させることにより、ボルボの復活とジーリーへの技術導入を実現したのである。さらに、2018年にはダイムラーの株式の10%弱を90億ドル（約9900億円）で取得し、資本業務提携を行ったうえで、中国版EV（Smartブランド）のグローバル展開、次世代ハイブリッド車開発などを進めている。

中国のローエンドブランド（大衆向け商品）メーカーが付加価値の高い最先端の分野へ転換するのは自動車に限らず容易なことではないが、ジーリーの場合は欧州プレイヤーの買収や資本提携を通じて、彼らがもつ技術力、ノウハウ、リソース、ネットワークを取り込むことで、一気に進化してきた構図である。現在ではマレーシアのプロトン、英国のロータス、ロンドンキャブメーカーのLEVCを次々と買収、フルラインアップでグローバルに車両を供給できるプレイヤーになっている。2020年の自動車販売台数は約132万台だ。

経営理念の変遷

急激な変化の背景には、創業者である李書福氏による理念の変遷がある。ボルボを買収する前まで、ジーリーは「ひたすら安い車を製造、ローエンドに参入」を目指していた。同氏はかつて「単純に考えれば、車は、四つの車輪と一つのソファーの組み合わせ」であり、「中国人が買える安い車を作る」といった趣旨のことを語っている。2010年のボルボ買収後から2012年ごろまでは「低価格を維持すると共に、開発力と生産技術の向上」を掲げている。この頃には単に安い車ではなく、「中国人が買えるコストパフォーマンスの良い車を作る」方向を目指した。そこから2015年にかけては「中国トップの自主（内国資本）自動車メーカーブランドに成長」を目標とするようになる。「中国自動車産業の自立は、中国の自主自動車メーカーにしかできない」「価格優位性を維持しつつ、最も安全、最も環境に優しい、最も省エネの車を作る」（李氏）として、品質面への注力にシフトする。そして2016年以降は、グローバル自動車産業として、ジーリーはCASEと積極的に向き合うと宣言したのである。たとえば、同社が行ったダイムラーへの出資について李氏は、「CASEが進む中、（グローバルな規模で活躍できる）従来の自動車メーカーは2〜3社しか残らないだろう。ダイムラーとの提携は、相互のシナジー効果によってCASEに立ち向かうためだ」と述べている。

ボルボやダイムラーと組むメリット

買収や資本提携によってジーリーが享受したメリットをより具体的にみていこう。

ボルボの先端技術を手に入れたことでジーリーは開発・生産体制を大きく進化させた。両社の本社が置かれる杭州、スウェーデンのヨーテボリにそれぞれ共同の技術開発センターを設置することで、ジーリーは人材育成と先端技術の獲得につなげた。また、それらの

リンク＆コー

活動を通じ、両者の自動車アーキテクチャのモジュール化（車両を複数のモジュールに分け、並行開発する）と共通プラットフォームの整備を推進し、開発活動の効率化を図っている。企画、設計開発、生産でもボルボのノウハウを吸収するとともに、ジーリーは調達の点でもボルボから受け継いだサプライヤーのネットワークを活用できるようになった。

より具体化した取り組みが、２０１６年の両社によるグローバルカーブランド「リンク＆コー」（領克）の立ち上げだろう。ジーリーとボルボは、共同でこの新しいプレミアムブランドをスタートし、ジーリー70％、ボルボ30％の持ち分比率で子会社を設立した。ここでも設計開発はボルボ主導、サプライチェーン・生産は両社がリソースを共有とする役割分担を行っている。同ブランドの車は自社開発の車載ＯＳであるＧＫＵＩを搭載するほか、カーシェアリングの時代を見据えてサブスクリプションサービス（定額支払い制）にも乗り出そうとしている。

これは、前述したＮＩＯなどと同じくオンライン販売がメインであり、サブスクリプシヨンのほか、既存の自動車業界にない新しい販売方法を取り入れることで、自動車の所有に必ずしもこだわらない若い世代の獲得を狙ったものだ。狙いどおり中国では若者を中心に人気を博し、コロナ禍の２０２０年に17・5万台を販売した。今後は本格的な欧州展開を狙い、ドイツ、フランス、スペインなどで月５００ユーロ（約６万５０００円）のサブスクリプションサービス開始を予定している。

ダイムラーとは、ＣＡＳＥ時代の到来に備え、出資をきっかけに両社間の技術を共同で活用している。ここでもポイントは子会社の共同設立だ。２０１８年10月に、高級車のライドヘイリングを扱う合弁会社を中国で共同設立した。また、ジーリーが不振に陥っていたダイムラーの小型ＥＶ「スマート」事業の50％の株式を取得し、２０２０年に共同で子会社を設立した。スマートを純電動ブランドと位置づけ、新車種の開発と設計はダイムラーが担当し、生産は中国で行い、２０２２年に全世界で販売予定となっている。ダイムラーへは他に北京汽車なども出資しているが、ボルボ、ダイムラー、ジーリーの３社間での車両／モビリティ開発の協業関係は着実に深化している。

ＯＳは自主開発にこだわる

以下、ジーリーが現在行っているＣＡＳＥへの取り組みのうち、ここまで述べてきた点以外にも付記すべきポイントを列挙していこう。

コネクテッド（Ｃ）の分野においてジーリーは、前述したＧＫＵＩという車載ＯＳを開発している。ただし、車載ＯＳは安全性に関わるため、各自動車メーカーが自主開発すべきだとの考え方をとっている。この点、アリババを始めとしたＢＡＴによる車載ＯＳ販売の動きとは異なる。実際、李書福董事長は２０１８年に次のように述べている。

「コネクテッドカーの本質は自動車と通信インフラ等との接続であり（略）すべてのアプリはＯＳにより実行される。したがってＯＳシステムの健全性、安全性はコネクテッドカーの運命を決定するカギである。ゆえに自動車メーカー自身で責任をもって開発すべきである」

自動運転（Ａ）の分野では、ボルボのネットワークを利用し、大手部品メーカーのボッシュなどとも連携しながら自動運転ＯＳであるＧパイロットを自社開発した。２０２０年には自ら低軌道衛星まで打ち上げ、配車サービスや車両の運行管理に活用できるＡＩプラットフォーム構想を発表し、インフラ部分にも積極的に乗り出している。車載ＯＳだけでなく、自動運転やそれを支えるインフラも含め、一貫して自主開発・技術独立の維持を強く意識している。

ＥＶ（Ｅ）の分野では、２０１７年に「ブルージーリー行動計画」と呼ばれるビジョンを掲げ、２０２０年に市場に投入予定の２００万台のうち、90％を新エネルギー車とする旨をコミットしていた（残念ながらコロナ禍により未達成）。ここでもボルボやダイムラーへの出資が大きな意味を持ってくる。

たとえば、ボルボの協力のもと、ＥＶ生産コスト削減のために総額26億ドル（約２８６０億円）をかけて、ＳＥＡと呼ばれるＥＶ向け車両プラットフォームを構築した。今後、ボルボだけでなく投資先のロータス、ＬＥＶＣや他の自動車メーカーにもこのプラットフォームを展開していく予定だ。

そのほか、ＥＶについてはＢＡＴとの提携にも積極的である。バイドゥがこのＳＥＡの活用を検討中というニュースが報じられ、テンセントともスマートカー開発で提携を発表している。ジーリーとしては自社ブランドによるＥＶ開発だけでなく、今後はこのＳＥＡを軸として、他社のＥＶ受託生産というポジションを確立していきそうだ。

シェアリング／サービス（Ｓ）については、曹操《ツアオツアオ》出行《ツアオ》（三国志の曹操！）という名前のネット配車サービスを自社運営している。ディディに比べると規模では劣るものの自前のモビリティサービスにこだわるところがジーリーらしい。

曹操出行董事長の劉金良氏の発言は傾聴に値する。

「我が国では大都市の道路が渋滞し、消費者の運転意欲が低下している。将来、自動車は所有権から使用権へシフトしていくだろう。ジーリーもそのトレンドを摑《つか》んで変わっていく必要がある。（略）曹操出行は、ジーリーがモビリティ提供者にモデルチェンジするチャレンジだ。自動車業界の変化に適応できなければ淘汰が待っている。ノキアがスマホ時代に見捨てられたようにね」（2018年）

ケーススタディ4

国営最大手ながら他社と次々に提携——上海汽車集団

中国の国営企業と聞けば、政府とのつながりが強く、既得権益に守られた旧来型の大企業を想起される方も多いだろう。変革とは縁遠いイメージかもしれない。

上海汽車集団（以下＝上汽集団）は1958年設立の、国内最大手の国営自動車メーカーで2020年には560万台を販売している。9社ある国営の自動車メーカーの中ではCASEの全分野にもっとも進んだ取り組みを行っている。同社もまた、CASEの流れにあわせて自らを変革してきた歴史を持っている。

同社が「四化（ＣＡＳＥ）」概念を戦略に掲げたのは２０１５年。副総経理である兪経民氏が２０１７年に行った発言にその理念がよく表れている。

「ここ数年のうちに、人々は明確に自動車業界の巨大な変化を二つの方面から感じるようになった。一つは新エネ車の台頭、そしてもう一つはインターネットの自動車産業への浸透だ。（略）新エネ車×インターネットという中国市場の進化は、将来世界の主導権を握る。我が国のみならず世界の著名なブランド、メーカーがこの潮流に気づき、大規模に参入しつつある」

上汽集団は２０２１年に77万台の新エネ車の生産を予定しているとされ、２０２０年からは26億ドルをかけて建設した新エネ車工場で生産を始めた。その同社の姿勢として特筆されるのは、国営自動車メーカーの最大手であり、自動車生産そのものに関連する技術はすべて自前でまかなえるだけのスキルやノウハウを持ちながら、ＣＡＳＥ導入という目的のために、他社との連携にとても積極的な点だろう。

アリババと共に車載ＯＳで覇権を狙う

それでは、さっそく同社のＣＡＳＥに対する取り組みを具体的にみていこう。

まずは、コネクテッド（Ｃ）。上汽集団とアリババは２０１４年に「インターネットカーに関する戦略提携協議書」を締結して以来、提携関係を深めてきた。翌2015年には10億元（約160億円）のインターネットカー・ファンドと、車載OSを共同開発するための子会社「斑馬」をそれぞれ設立している。こうして誕生したのが、前述したアリババの車載OSである「アリOS」（当初の名称はYunOS）だ。2016年には、同OSを搭載したコネクテッド車である「栄威RX5」を早くも発売している。

「アリOS」は当初から他メーカーへの販売を想定していたが、アリババや上汽集団にデータを奪われるのではないかとの警戒感から採用に慎重なメーカーが多かった。そのため、アリババ・上汽集団側は、意図的に他社の投資を受け入れるなど、オープンな姿勢に踏み切った。その結果、「アリOS」は、フォード、チェコのシュコダ、シトロエンと東風汽車の合弁である東風シトロエンなど8ブランド、38のモデルに採用され、100万台以上の車に搭載されるに至った（2019年時点）。欧米では、データが1社に集中するリスクを懸念して、統一された車載OSの使用が広がらずにいる状況と比較すると、これは中国特有ともいえる動きである。

自動運転（A）の分野では、社内に人工知能研究所を設置し、自動運転ソフトウェアプラットフォームの「AIパイロット」を自社開発するなどの取り組みを行っている。AIパイロットシステムでは、アダプティブクルーズコントロール（知能巡行）、自動駐車機能

（知能駐車）、および安全補助の機能を備えている。このシステムは、後述する上汽集団のインテリジェントEVのMarvel Xに搭載され、中国では2018年に量産化、市販されている。また、別途AutoXと呼ばれる中国自動運転スタートアップにアリババと共に投資し、自動運転車の公道実験を支援している。

中国自動車業界の総力を結集した車

シェアリング／サービス（S）の分野では、中国最大のEVカーシェアリングサービスである「EVCARD」に上汽集団は51％を出資する形で経営に参画している。国内56都市、登録会員数180万人という巨大なEVカーシェアリング事業である。また、2018年からは自営のカーシェアリングサービス「享道出行」も運営を開始している。

最後にEVの分野だが、電動車のコア技術である電動モーター、コントローラー（パワーエレクトロニクス）、リチウムイオン電池の三つをボッシュやCATLなどとの合弁によって押さえる戦略をとっている。これらの基盤技術を結集させたインテリジェントEVが前述した「Marvel X」だ。つまり、この車には、コネクテッド——アリババのアリOS、自動運転のAIパイロットシステム、CATLの電池セルなど、中国自動車業界の総力が結集されているといっても過言ではない。

なお、上汽集団はアリババと新しいEVブランド「IM（インテリジェンス・イン・モーション）」を2021年1月に発表した。

数年前からCASEの重要性に気づき、自らの組織変革や将来に備えた投資、提携を行ってきた中国の自動車業界は、もはやかつてのローエンド・低価格車生産のイメージとは完全に異なる。

第2章から第5章にかけて、ダイナミックに変化するアメリカ・ヨーロッパ・中国の自動車業界の実態を述べてきた。それではいよいよ次章で、日本の自動車業界の現状と今後の展開について述べていくことにしよう。

取材協力：
DANNY Pro.（板谷工作室）

第6章　日本車は生き残れるか

川端由美

世界の自動車産業がこれからどのように変わっていくのか、その急速で巨大な変化に対して、欧米や中国ではいかに対応しようとしているのか——第5章までは以上の点について詳述してきた。最終章となる第6章ではいよいよ日本の主な自動車メーカー・部品メーカーについて現状を眺めつつ、今後の展開についても大胆に考察してみたい。

あわせて、今の日本の自動車産業について弱みがあるとすれば、それらははたして何に起因するのか、といった点からも私見（川端）を述べたいと思う。

ケーススタディ1

トヨタ自動車・ダイハツ・スバル・マツダ・スズキ

日本には自動車メーカーがいくつあるかご存知だろうか。トヨタを筆頭に、日産・ホンダ・三菱・スバル・マツダ・ダイハツ・スズキといった乗用車メーカー、いすゞ・日野・三菱ふそう・UDトラックスといった商用車メーカー、さらにはヤマハや川崎重工といった二輪メーカーや、光岡自動車・日本エレクトライクのようなごく小規模なメーカーまで入れると全部で16社となる。世界で戦う乗用車メーカーとしては、トヨタ陣営（トヨタ、ダイハツ、マツダ、スバル、スズキ）、外資（日産＋三菱）のグループ、そしてホンダの三つになる。

なかでもトヨタはダイハツを子会社化し、スズキ・マツダ・スバルと資本提携を結んでいるという意味では特異な存在だ。GM（ゼネラルモーターズ）の創業者、ウィリアム・デュラントは、ビュイック、オールズモビル、キャデラックといった名だたる高級車メーカーを傘下に収めた持株会社を設立し、GMとして誕生させた。資本関係や経緯はまったく異なるが、今の日本には「トヨタ」という名前のGMがあるようなものだ。

その巨大なトヨタは、CASEにどこまで〝本気〟なのだろうか。いまやフォルクスワーゲンと自動車メーカー世界一の座を争うまでに成長したトヨタだが、「自動車メーカー」を名乗るのを止め、「モビリティカンパニー」を標榜しているのは第1章で述べたとおりである。

2018年に開催されたCESの会場で、豊田章男社長自らが打ち出したのは「e–パレット」コンセプトだった。このコンセプトでトヨタはMSPF（モビリティサービス・プラットフォーム）という概念を打ち出し、電動化、コネクテッド、自動運転技術を活用したMaaS専用の次世代EV「e–パレット」というアイデアを披露した。その結果、「トヨタが自動運転のEV車を生産する」と多くの人々が受け止めたのだった。当時、同社の副社長を務めていた友山茂樹氏（現エグゼクティブ・フェロー）は次のように語っていた。

「MSPFという言葉のとおり、クルマと通信プラットフォーム、ビッグデータを貯めるデータセンター、車両にアクセスできる権利を与えるAPI（アプリケーション・プログラミ

豊田章男社長のプレゼンテーション

ング・インターフェース）を一つのパッケージとして提供するのはトヨタ独自の提案です。MSPFの要素の一つにe－パレットというEVが存在するという考え方です」

APIとは、簡単に言えばアプリケーション・ソフトウェアとプログラムをつなぐことで、車が様々なサービスを使えるようにするシステムだ。トヨタは「車両制御インターフェースを自動運転キットの開発会社に開示する」という趣旨の発言をしていたが、これは、自動運転の機能を開発するスタートアップなどがトヨタの車両を動かすことができると言っているに等しい。技術を開示して、外部と手を組むという、トヨタの覚悟の表れでもある。

「e－パレット」コンセプトの開発だけでは、単なる自動運転の機能を搭載したEVであるに過ぎないが、コネクテッドの環境下で、このMSPFを開放することで門戸を開きサービスの開発を拡大しようとしている点が重要である。モビリティに関するビッグデータと、サービスに活用できるプラットフォームをトヨタが提供し、それを各種サービスの事業者が活用する。トヨタはサービス事業者からプラットフォームの使用料を徴収する、といったビジネスモデルだ。ＣＡＳＥやコネクテッドの重要性について、トヨタは早い段階で手を打とうとしていたことがわかる。

Ｅ、すなわち電動化についても、２０１９年の記者会見で寺師茂樹《てらし》副社長（現取締役）がトヨタ車の電動化について語った際に、電動車向けの部品を広く外販すると語っている。うがった見方をすれば、これはトヨタが電気自動車の部品メーカーになるという意味合いも含んでいる。この頃、ほぼ時を同じくして、フォルクスワーゲンもフルコネクテッドのＥＶ専用プラットフォーム「ＭＥＢ」の外販を宣言し、２０１９年にはフォードとの契約を明らかにした。

つまり――豊田章男氏率いるトヨタ経営陣の発言自体はグローバルスタンダードと言える。ただ、その意思がトヨタという巨大な組織全体に浸透しているのかといえば、現段階ではまだ疑問符がつくと言わざるを得ない。

新しいルールが組織全体に浸透している？

トヨタが自動運転やモビリティ、人工知能など、新しい技術を実証する巨大プロジェクトとして発表した「ウーブン・シティ」が話題だ。静岡県裾野市の同社（グループ会社）工場跡地を含む約70万平方メートルをそのままモビリティの巨大な実験都市にするという壮大な計画である。だが、同市内には、トヨタの研究開発の拠点となる東富士研究所もある。同所内にいる優秀なエンジニアの多くは内燃機関・エンジンの開発に従事している。長年、〝トヨタの頭脳〟とされてきたエンジン開発に携わる技術者にとって「（２０４０年頃には）エンジン車の販売禁止」という世界的な流れをリアルに受け止めることは難しいはずだ。２０１５年に発表した「トヨタ環境チャレンジ２０５０」の中で、トヨタは「２０５０年グローバル新車平均CO_2排出量を90％削減」すると謳っているが、「エンジン車を全廃する」という宣言は行っていない（２０２１年3月時点）。その裏に込められた意図を深読みすれば、エンジン車をEVや燃料電池車に置き換えるのではなく、得意のハイブリッド機構を究極までコストダウンしつつ、エンジンと電気モーターとの組み合わせという形で「なんとかエンジンを残そう」と考えているのかもしれない。

ただし、少し前までは、ドイツの自動車メーカーでも、アメリカの自動車メーカーでも同じような状況だった。エンジンを作るエンジニアがリスペクトされ、社内における彼らのプレゼンスは大きな力をもっていた。機械系のエンジニアがヒエラルキーのトップに君臨し、車に機械を詰め込んで余った空間に、ソフトウェアや電気電子のエンジニアが機能を追加するというのが普通だったのだ。

ではなぜ、第2章や第4章で見たようにGMやフォルクスワーゲンは素早く大きく変わることができたのだろうか。それは、ＧＭはリーマン・ショック時の破綻によって、そしてフォルクスワーゲンは、ディーゼル・ゲート（ドイツの自動車メーカー5社がカルテルを結び、二酸化炭素排出量を過少申告していた事実が２０１５年に発覚した事件）を契機としてそれぞれ経営陣が刷新されたからだ。そして両社ともに新しい経営陣はこれまでの組織に大ナタをふるった。コネクテッド前提の世界を視野に入れた上で、ＩｏＴの世界では自動車が「ｏＴ」に過ぎない位置付けになることを理解し、新しい戦いに備えるために革命的な再編を行ったのである。同時にそれは、これまで自動車産業の最上位にあった自らの立場から、今後は周辺産業の変化に翻弄《ほんろう》される立場に甘んじることを受け入れたということでもある。

もちろんトヨタの経営陣も、その現実を捉《とら》えている。しかしながら、トヨタという巨大企業の組織が受け入れているとは言い難い。時間軸が欧米のメーカーから10年近く遅れている上に、経営層が察知している変化の波を組織全体に浸透させるまでの道のりは険しい。

今のトヨタにとって必要なのは、豊田章男社長の意向に沿って組織に大ナタをふるうことができる経営幹部の存在だろう。２００９年に53歳の若さでトヨタの社長に就任、以後10年以上にわたってトップを務めてきた章男氏と対等に渡り合えるような幹部がいたほうが、今後大きく変わらなくてはならない巨大組織としては望ましいはずだ。２０２０年には執行役員を大幅に削減、売上高30兆円もの巨大企業を９名の執行役員で掌握する体制となった（2021年1月に10名となった）が、この役員の数の減少が吉と出るか——。

現役員の一人であるジェームス・カフナー氏はグーグルで自走車開発チームのメンバーという経歴の持ち主で、ウーブン・シティを統轄するウーブン・プラネット・ホールディングスのCEOでもある。次世代のトヨタを担うと目される豊田大輔氏は、そのウーブン・プラネットのシニア・バイスプレジデントに就いた。こうした「次の人材」がトヨタを大きく変えていけるのかが勝負の分かれ目になるだろう。

資本提携先の企業の行く末は

トヨタと資本または提携関係にある各社についても簡単に触れておきたい。傘下にある子会社のダイハツと日野自動車は、それぞれ小型車・商用車の生産を担ってきたが、カーボンニュートラルの時代に進むとさらに重要な役割を持つことになるだろう。ダイハツは軽自動車に代表される小型車に特化していることもあり、MaaS時代になると、小型モビリティで強みが出せる可能性が高い。また、ASEAN（東南アジア諸国連合）をはじめとする新興国でも存在感が高い。逆に日野は大型の商用車で強みを発揮する。水素のような代替燃料の活用においては、動力源である燃料電池スタックや水素タンクがかさばることからも、大型の商用車が有利となる。実際、トヨタは日野の「プロフィア」をベースに燃料電池車の燃料電池システムを積んだハイブリッド商用車のコンセプトカーを発表したり、米国トヨタと米国日野販売／米国日野製造が、北米向けに燃料電池トラックを共同開発したりしている。

スバルやマツダはどうか。両社の規模では、世界シェアの1％程度に過ぎず、従来の優れた技術――水平対向エンジンやロータリーエンジンといった独特のエンジン――をセールスポイントにニッチマーケットで人気を博していた。ところが、カーボンニュートラルの時代にはこうした強みが無力化されてしまうことになる。ただしスバルはアイサイトに代表される高度ドライバー支援（衝突被害軽減ブレーキ）の技術を有しており、これはそのまま自動運転にもつなげられる要素技術となる（アイサイト自体は自動運転システムではない）。スバルはアメリカでの販売比率が全体の7割を占めるので北米市場に特化するという戦略も立てられる。一方マツダは見事なほどに欧州・アメリカ・豪州と主要市場が分散しているため、難しい舵取りを強いられることになるだろう。クリーン・ディーゼルと銘打った「CX－5」で起死回生の一打を放ったものの、世界的にみればディーゼルには逆風が吹いている。幸いデザインの魅力で売上高は保っているが、マツダは急速に電動化に向けて、得意のロータリーエンジンを活用したハイブリッド機構など、何らかの大きな舵切りが求められている。

スズキは過去にGMとの蜜月が長かったが、フォルクスワーゲンとは裁判の末に決別するなど、〝国際結婚〟に失敗している。フォルクスワーゲンはインドへの進出では繰り返し失敗しており、スズキとの提携を足掛かりにインドへ食い込みたかったのだろう（フォルクスワーゲンはその後にインドの自動車メーカーであるタタと組もうと試みたが、その合弁も解消している）。スズキはインドやインドネシアのような新興国では強みを発揮する。インフラ整備が立ち遅れ、渋滞が目立つような国では小型車の需要が高いからだ。ただしその分、スズキでは電動化に向けた投資が大幅に遅れている。インドは2020年4月から排ガス規制を欧州並みの「バーラトステージ6」に引き上げ、電動化に舵を切った。それはスズキにとっては衝撃的だっただろう。

トヨタの未来は日本の未来に等しい。だからこそ、トヨタにはモノづくりに頼る事業モデルから、社会課題起点のバックキャスト型事業モデルへの転換で国内自動車メーカーの先陣を切ってほしい。ここに来て2021年1月の人事では、領域を超えて全社的な視点でプロジェクトのリーダーシップをとる「チーフ・プロジェクト・リーダー」を設置するなど、組織を変えようとしているのは事実だが、まだまだフォルクスワーゲンやGMほどのドラスティックさは感じられない。スピードをもって組織改革を推し進め、組織全体が新しいルールに向けた形に生まれ変われるかどうかが、トヨタ生き残りのカギとなるだろう。

ケーススタディ2

日産・三菱自動車

販売のトヨタ、技術の日産——40代以上の方々にとっては懐かしい響きかもしれない。事実、今でも「技術の日産」は正しい。厚木にあるNATC（日産先進技術開発センター）や追浜《おっぱま》の総合研究所に足を運ぶと、エンジン開発はもちろん、電動化でも自動運転でも最新の研究開発を行っているのがよくわかる。変化に合わせた技術者の養成にも積極的だ。

「2007年に開設した先進技術開発センターの中に、ソフトウェアトレーニングセンターを設けて、2022年までに合計500人のソフトウェアエンジニアを養成します。インテリジェントドライビング、インテリジェントパワー、そして『繋げる』役割のインテリジェントインテグレーションの三つのコンセプトのもとで技術開発から製品開発を行っています」（土井三浩常務執行委員・アライアンスグローバルVP・総合研究所所長）

実際、自動運転の技術や人工知能に関する研究開発では、日産は高い評価を受けている。市販車初のレベル3（アイズオフ機能）での自動運転技術の搭載という点では、ホンダの後塵を拝したものの、自動運転の要素技術を着々と積み上げている。

日産の自動運転の実証試験車

すでに導入された運転支援システム「プロパイロット２・０」では、同一車線内でのレベル２＝ハンズオフ機能を世界で初めて実現しただけでなく、自動での車線変更まで対応している。一方、電動化については２０５０年までに車のライフサイクル全体におけるカーボンニュートラルを実現するという新たな目標に沿って、ガソリンエンジンと電動モーターを融合したハイブリッドシステム「ｅ－パワー」を搭載したモデルラインアップを拡張している（代表的な車種が「リーフ」だ）。トヨタやホンダとは違い、日産は早い段階でハイブリッドではなくＥＶに目をつけて、初期からバッテリーメーカーと手を組み車載バッテリーとそのリサイクルにまで取り組んだ経緯がある。

このように日産は、ＣＡＳＥのＡやＥの部分では最先端の技術を持ち、世界の自動車メーカーと互角以上に戦っているように見える。だが、誤解を恐れずにいえば、個々の要素技術には秀でていても、それらの技術を組み合わせて魅力のある商品としてパッケージした開発までできているか、という視点から考えるとやはり懸念は残る。技術を開発するだけでなく、顧客に届ける商品として、いつ、どんな製品にどんな技術をのせて売り出すか――という明確なロードマップをいまひとつ描けていない。

ルノーとのアライアンスが強みにも弱みにもなる

もちろん日産に商品開発力がないというつもりはないが、ルノーの傘下にあることから、グローバルの方針で商品開発が決まり、いまひとつ日本市場に寄り沿うことができていない。２０１８年の新車はゼロだったが、グローバルなメーカーとしてはやや寂しい。マーチのようにコスト面からアジアでの生産を決めていたものの、フランス政府の思惑により、いきなりルノーのフランス工場での生産に切り替わるといった出来事もあった。

日産にとって、さらに打撃となったのが、カルロス・ゴーン元ＣＥＯによる経営問題だった。彼の経営手腕については評価が分かれるところだが、１９９９年にトップに就任した当初に発表された日産リバイバル・プランでは、大規模なリストラを実施し、膨れ上がったコストを削減し、有利子負債を激減させた。ここまではゴーン氏の得意とするリストラを軸にした経営手腕の見せどころだった。だが、ゴーン氏がルノーと日産双方のトップに君臨するようになって以降、両者の資本関係のいびつさが露呈する。ルノーが日産株の

43％を保有、議決権を有しているのに対して、日産はルノー株の15％しか保有せず、ルノー側の決定に対して、拒否権を持たない状態が解消されなかった。さらに面倒なことに、ルノーの株式の15％をフランス政府が握っている。フランス政府が日産の経営よりも自国の雇用を守るという姿勢は今後も崩れないだろう。

要素技術に優れていても商品開発や経営に不安があるという事情は三菱自動車も同様だ。同社の真骨頂と言える四輪駆動の制御技術、直噴エンジンに代表されるパワートレイン（エンジンやトランスミッションなどを含む動力伝達装置）などの高い技術力、そして電動化に早くから取り組んでいたこともあり、車載電池については抜きん出たノウハウを持っている。その一方で、三菱自動車の歴史は不祥事の歴史でもある。１９７７年から23年間にわたり、パジェロやランサーなどの人気車種を含む69万台で大規模なリコール隠しを行っていたことが２０００年に発覚する。さらにその４年後の２００４年、今度は商用車部門のリコール隠しが明らかとなり、当時のダイムラー・クライスラーから資本提携を打ち切られている（このリコール隠しでは過去に２件の死亡事故も発覚、映画にもなった）。三菱ブランドへの不信は決定的になったものの、根強いファンが支えていたが、軽自動車の燃費データに関する不正が２０１６年に発覚し、ブランドイメージは深刻なダメージを受けた。

それでも三菱には優秀なエンジニアが数多く残っている。電動化に関しては、日産と力を合わせれば世界をリードできる可能性はまだ残っている。三菱単体では、自動運転やコネクテッドの部分で対応の遅れは否めないものの、ルノーや日産とのアライアンスとして見れば、トヨタやフォルクスワーゲンに匹敵する1000万台以上というスケールメリットを活用できれば挽回のチャンスがないわけではない。最大の課題は、今後、個々の優れた技術を社会的課題にあわせてつなぎ、事業開発に結びつけることができるかどうかだ。

ケーススタディ3

ホンダ

世界的に見ても、ホンダの存在はユニークだ。トヨタやフォルクスワーゲン、あるいはルノー日産・三菱アライアンスのように世界での販売台数が1000万台を超えるほどの規模があれば、あえてグローバルで統一する戦略を取らずに世界各地の市場それぞれに寄り沿った製品を開発できる。反対に、メルセデス・ベンツ（乗用車のみ）、FCAの「ジープ」ブランド、BMW、スバル、マツダといった100万〜200万台の規模（世界シェア1〜2%）であれば、ニッチを狙うことで個性を放つことができる。

販売台数400万〜500万台のホンダの規模はちょうどどっちつかずの難しいポジションにある。フォードとホンダは同じ規模で肩を並べる。だが、現時点でのホンダの四輪

2020年10月に発売された量産EV「ホンダｅ」

事業は厳しい状況にある。２０２０年度の第１四半期はコロナで販売が落ち込んだこともあり、１１３６億円もの赤字を計上した。四輪事業の営業損失（１９５８億円）が元凶だ。一方で、二輪事業は１１２億円の黒字を確保した。ホンダは、とうとうＦ１からの撤退を余儀なくされた。

前項で日産や三菱の技術の強さについて言及したが、要素技術においてはホンダも負けてはいない。ジェット機や二足歩行ロボットと、おおよそ自動車メーカーとはかけ離れた先端技術を開発してきた実績がある。自動車関連に絞っても、Ｆ１の技術から発展したシミュレーション（デジタル上で再現したモデルを活用した分析など）や「ホンダｅ」に搭載されたＡＩなど、枚挙にいとまがない。

組織面においてもホンダは個性的だ。車を生産して販売するのは本田技研工業だが、技術開発を担当する本田技術研究所が別会社として存在する。トップ人事に関しても、従来は技術者、それもエンジン開発という、自動車メーカーにとってはコアコンピタンス（競合する他社に真似のできない能力）となる技術を開発した人間が経営者になるというシンプルな仕組みだった。先代の伊東孝紳氏と社長である八郷隆弘氏は、非エンジン部門からのトップ就任だが、もともとは「技術を大事にする」、いわばテクニカルオリエンテッドな企業である（２０２１年4月にエンジン部門出身の三部敏宏氏が社長に就任）。

だが、何度も繰り返し指摘しているように、ＣＡＳＥの時代には、自動車メーカーに求められる技術は大きく異なってくる。ホンダのように伝統的にエンジンの技術を重視してきたメーカーは、だからこそ、大きく変化しなければならない。技術だけではなく、社風や社員一人一人の意識まで変えていく必要がある。

厳しい経営状況下にある四輪事業については、本田技術研究所を本田技研工業に取り込んだ。また、従来の四輪と二輪といった事業部門の壁を取り払い、コネクテッドサービスおよびＭａａＳの戦略企画・開発・事業推進の各機能を統合した「モビリティサービス事業本部」を新設する一方、国内でのモビリティサービス事業を担う新会社「ホンダモビリティソリューションズ株式会社」を設立するなど、大規模な組織改革に乗り出したばかりだ。

レベル４以降の開発はどうする？

ホンダという会社の技術を俯瞰《ふかん》してみると、ホンダはエンジン開発には抜きん出ているが、なまじっかハイブリッドシステムを開発できる技術力が備わっていたために、（そして、おそらくはエンジンへのプライドが邪魔をしたために）ＥＶを軽んじてきた傾向がある。ただし、燃料電池車は低コストで抜きん出た生産性を誇る。Ｆ１で鍛えられたシミュレーションの技術や世界初のレベル３の自動運転を実現するなど、アルゴリズム開発の点でも評価が高い。

それでも、このまま独立路線でやっていけるのか、という問いには疑問符がつく。

レベル３、すなわち「特定の状況下で自動運転システムがすべての運転タスクを実行する（緊急時はドライバーが操作）」というアイズオフ（目を離すことができる状態）を実現させたホンダの技術力は素晴らしい。だが、ここからレベル４の「緊急時も含めた、特定の状況下での運転タスクを自動運転システムが実行」というブレインオフ（運転を考えずに済む状態）にもっていくためには、さらに莫大な研究開発費用が必要になってくる。ホンダのような、世界的に見れば中規模の自動車メーカーが単独で開発するには、投資も技術者の確保もかなり難しい。

ホンダと技術提携を行っているＧＭが、自動運転に特化したスタートアップのクルーズを巨額の金で買収したが（第２章参照）、ホンダも総額27・５億ドル（約３０２５億円）の出資を行うと発表している。レベル４以降はクルーズの技術を頼りとするかもしれない。

今後のホンダにとって重要なのは、モノづくりの基本理念は担保しつつ、ホンダの事業精神の本質に立ち返り、ユーザー体験を重視した製品やサービスを開発することにある。

創業者の本田宗一郎氏はかつて「研究所は技術を研究するところではない。人を研究するところだ」と語っていた。人の視点から技術を考えていく――まさに慧眼《けいがん》である。

ホンダが1953年に発売した二輪車「ベンリイ」は「手軽に扱えて自転車よりも便利」というコンセプトから生まれた。そのコンセプトはホンダの中で生き続け、ビジネス用電動スクーターの「ベンリィe」を生み出した。これから先の時代は、スマホの上に載るアプリや、呼べば迎えにくるライドヘイリングが「ベンリィ」になる。優秀なホンダの技術者たちが真剣に考え抜けば、〝デジタル時代のベンリィ〟が開発できるはずだ。

さらにもう一点挙げるならば、このまま独立路線を貫くのはやはり得策ではない。現状の中規模なポジションからの脱却を検討すべきだ。

それがプラスだと判断するならば、思い切って四輪事業を資本提携先のGMに売却するくらいのオプションがあってもいい。過去のコアコンピタンスだったエンジン開発部門は、ホンダの開発を引き受ける前提で独立させ、他の自動車メーカーや船舶などのエンジン開発も請け負う。投資回収はあと20年のうちに行い、2030年に究極の高効率エンジンを開発して幕引きをはかる。四輪部門の売却で得た原資をもとに日本の二輪メーカーを束ねて事業を絶対的に強化する――というドラスティックなシナリオを描くほど思い切った改革も視野に入れるくらいの気概がほしい。

実際、ホンダとＧＭの提携強化が進んでいる。両社は２０２０年４月には電動車の分野で、同年９月には北米での販売車種に関する協業をそれぞれ発表した。従来から燃料電池車の開発などで提携はしていたが、今回の協業はそれを拡大させる形だ。最大のポイントは、ＧＭが韓国ＬＧとの合弁によって開発した車載リチウムイオン電池パック「アルティウム」を使ったＥＶの共同開発である。要するにＧＭが提供するＥＶのプラットフォームにホンダの内外装をまとわせたＥＶをＧＭが生産、販売するという計画である。プラットフォーム共有の先にあるものは、両者の統合ではないか……あくまで私の憶測ではあるが、今後の自動車業界には何が起こっても不思議ではない。

ケーススタディ４

大手部品メーカーの場合

もはや自動車メーカーが自動車産業ヒエラルキーのトップに君臨し続ける時代は終わった。それは、今まで下請けのポジションにあった大手部品メーカー（ティア1、またはメガサプライヤーとも呼ばれる）にとっても激動の時代となることを意味する。デンソーやアイシン精機といった日本の大手部品メーカーも例外ではない。

すでに第4章を中心に詳しく述べているので、過度な重複は避けるが、ドイツの大手部品メーカーは次の時代を生き抜くために大きく生まれ変わってきた。日本ではタイヤメーカーのイメージが強いコンチネンタルは、この20年のあいだに電動モビリティ、自動運転、コネクテッドといった最新のテクノロジーを提供する総合サプライヤーへと変化した。

日本のアイシンにとってライバルと目されるのがＺＦだ。ドイツ語で「歯車工場」を意味する「ツァーンラートファブリーク（Zahnradfabrik）」の短縮形を社名とすることからもわかるように、ギアやトランスミッションを作り続けてきた会社で、トランスミッションの製造ではアイシンと並ぶ大手メーカーである。２０１５年にアメリカのＴＲＷを買収した後、急速に自動運転システムやコネクティビティを提供する次世代モビリティ企業へと変貌を遂げた。２０２１年のＣＥＳではそのＺＦが「包括的なソフトウェアプラットフォーム」を提供すると宣言した。現状の自動車には１００を超えるＥＣＵ（電子制御ユニット）が搭載されており、それぞれ個別のソフトで動いている。こうした従来の仕組みを分散型と呼ぶが、ＺＦが提案する新しいプラットフォームは「集中型」となる。車載アプリとハードウェアを連携するために、車載コンピュータの基本的な制御を行うＯＳと、その上に載るアプリを接続させるミドルウェアを開発し自動車メーカーに提供するという構想である。これによってｉＰｈｏｎｅのように多様な車載アプリの開発が可能となる。

そのほか、シーメンスとＡＩコンピューティングで協業し、高圧ハイブリッドをはじめとする電動化の技術に力を入れるフランスのヴァレオ、あるいは、ネットワークとＡＩを組み合わせた「ＡＩｏＴ」を構築するなどＡＩやスマートシティの分野に触手を伸ばすボッシュなど、海外では大手部品メーカーの再編が急速に進んでいる。

二つの課題

こうした海外のメガサプライヤーに対して、日本の大手部品メーカーの動きは鈍重であると言わざるをえない。デンソーは、規模でこそボッシュやコンチネンタルと肩を並べるものの、彼らのようなダイナミックな動きに乏しい。

その最大の原因は、おそらく「系列」というシステムにある。周知のとおり、デンソーもアイシン精機もトヨタの系列下にある。つまり、極端な言い方をすれば、トヨタの言うがままの製品だけを作り続けていれば、それで十分だったのだ。トヨタの注文はそれだけで数が莫大なものになるからである。こうした自動車メーカーとの一蓮托生の構造は、デンソーやアイシン精機のような部品メーカーにとって、少なくともこれまでは強みであった。

しかし、これからは違う。自分たちとは異なる強みを持ったプレイヤーと手を組む積極的な姿勢が求められる。この「系列からの脱却」が日本の大手部品メーカーの課題である。

最近では、トヨタの系列内としてデンソーとアイシンが手を組み、電動モビリティのための技術問題で協力する動きもあるが、トヨタ系列以外の技術の導入や提携にはどうしても二の足を踏んでいるように外部には映る。欧米のメガサプライヤーのようなダイナミックな企業買収やスタートアップへの出資に積極的とは言えず、自前で開発した技術にこだわり続ける。膨大な時間とお金をかけて開発した虎の子の技術であっても、それが時代や市場のニーズから外れたものであれば捨て去らなければならないが、それができない。その結果、事業の行き場を見出せないままになってしまう。

デンソーほどの企業規模があれば、ソフトウェアエンジニアを自社で育成するにとどまらず、スタートアップへの投資・買収を通じて新しい強みを手に入れることも十分可能だろう。デンソー、アイシンほかトヨタ系の4社で出資したジェイクワッドダイナミクスのような合弁企業も生まれている。4社がもつ自動運転・車両制御の強みを生かして安心快適なモビリティ社会をつくるという触れ込みだが、今後は系列の枠を乗り越えた協業・資本提携の在り方も視野に入れるべきだろう。

トヨタの顔色をうかがう時代ではない

企業規模ではデンソーに及ばないが、アイシン精機の方がグローバルでの知名度は高い。トランスミッション、なかでも前輪駆動用トランスミッションでは世界トップレベルのシェアを誇るからだ。１９７０年代のボルグワーナーとの提携に起因して、欧米の自動車メーカーがアイシン製のトランスミッションを採用していたこともあり、まさに世界標準とも言える。つまり国際的な場で戦えるだけのポテンシャルは十分に有しているのだが、前述したライバルのＺＦがアクチュエーターやセンサーに強みのあるＴＲＷを手に入れたとたん、自動運転や車載ソフトウェアサービスの企業へと華麗に生まれ変わった姿に比べるとどうしても見劣りがしてしまう。

アイシン自身もそのことは強く感じているはずだ。２０１８年にアイシン精機の社長に就任した伊勢清貴氏がパリのモーターショーで行ったプレゼンでは、プジョー・シトロエン・グループ（当時）が電動化に大きく舵を切ったモデルである「ＤＳ７クロスバックＥ－ＴＥＮＳＥ」にアイシン製のトランスミッションが採用されたと胸を張っていた。さらにはドライバーモニターシステムの提案など、これまでにないソリューションを提供しようとしている。ただ、本書の冒頭でも述べたようにＣＡＳＥのうち、ＡとＥに注力するのみで、これから重要になってくるコネクテッドやサービスを見据えたようなプラットフォームやソリューションを提供しようという強い姿勢は感じられない。

歯に衣着《きぬ》せぬ言い方をすれば、デンソー、アイシン精機ともにもはやトヨタの顔色をうかがっている場合ではない。もちろんトヨタと縁を切れなどと申し上げたいわけではない。だが、トヨタの方だけを向いていればよかった時代は終わった。自らの視点で社会課題を認識し、解決するためのモノやサービスを提供するスタートアップ企業とも協業し、貪欲に次世代を見据えた技術を開発すべき時代なのである。

ここから先は、日本の自動車産業が今後も世界と戦っていくうえで「弱み」となる部分について取り上げていきたい。以下でふれる五つの点については、今後の弱みであると同時に、これまでなぜ大きく変化することができずにいたのか、その原因でもある。

もちろん、ダメ出しをしたいわけではない。ただ、日本の業界の現状を分析し、ダメなところはダメと認識をする必要はあるはずだ。世界の業界の動向と比較すると猶予はほとんどないだろうが、下記の五つのポイントを改善していければ、日本の自動車産業はまだ十分に世界と戦える力を持っている。

日本の自動車産業の「弱み」

その1――モノづくり信仰

日本の企業では一般的にモノづくりが尊ばれる風潮がある。むろんそれ自体は悪いことではないが、優れたモノや技術を作り出そうという姿勢が強すぎると、それ自体が目的になってしまうケースが多々あるように思われる。

モノづくりは楽しいし、高い評価を受けられる。モノづくりのプロジェクトが失敗しても、努力の過程は見せられる。だが、それだけでよいのだろうか。

アメリカの家電・IT見本市であるCESや欧米のモーターショーに足を運ぶと、日本と海外の自動車関連企業の展示に大きな差があることに気づく。日本勢の展示は自社製品、つまり自分の会社のモノや技術がいかに優れているかを示す展示が多い。一方、日本勢以外、特に欧州勢のプレイヤーは「世界観」に関する展示や発表が多い。コネクテッドや自動運転など、新しい技術を用いることで、どのように人々の乗車体験や生活を変えていくのか、そのビジョンや具体的なユースケース（事例）が増えている。自動車を製造する「自動車」産業の展示から、自動車を使ったソリューション、モビリティ産業のビジョンの提示にシフトしているのだ。

これは自動車産業に限った話ではないが、従来の日本の製造業は、とにかく手を動かしてモノを作る人材を育成してきたし、スペシャリストの育成を良しとしてきた。だが、これからの時代には、モノ単体よりも、そのモノを活かす場となるプラットフォームの構造を考えるようなスキルが求められる。最初に全体像をとらえ、既存の技術を利用しつつ、さらに新しい技術を開発してプラットフォーム全体を構築するようなスキルである。これは従来の日本の製造業が得意とするモノづくりにおける評価基準とは相反するところがある。一般的にこうしたプラットフォームの構築は、商業化するまでに時間もかかるし、評価されにくいところがある。日本では文系と理系の垣根が高く、ジェネラリストタイプが評価されにくく、この手の人材が育ちにくい印象があるが、こうしたプラットフォーム全体を見据えた設計構築ができるような人材が増えなければ、これからの世界で戦っていくことは難しいだろう。

従来の人事制度や評価システムも変更を

社会が成熟するにつれて、便利さが増していくと、モノ単体の開発では解決できない課題が増えていく。「はじめに」でも述べたように、社会的な課題に向き合い、人々から求められるものを熟考してから、機能やモノづくりに落とし込んでいく「デザインシンキング」が重要になってくる。人々の暮らしを豊かにするイノベーションもそこから生まれる。

日本の自動車産業が、世界に先駆けてイノベーションを興した例はいくらでもある。1970年代にカリフォルニア州でスタートした排気ガス規制は、アメリカ車がクリアするのは容易ではないほど厳しいものだった。そこへ目をつけたホンダが、いち早く低公害のCVCCエンジンを開発し、このエンジンを積んだシビックが全米を席巻した。日本車がクリーンで低燃費だというイメージを世界に与えることになり、1970年代終わりの北米市場では日本車が20％のシェアを獲得するほどになった。

日本の自動車産業にはそのような底力がいまも備わっているはずだ。だが、取材している限りでは、自動車産業の新しい未来を自分たちの手で作り出そうといった情熱はさほど感じられない。

これは自動車産業に限ったことではないが、日本のメーカーの方々と話をすると、「いま、最も注目する技術を教えてほしい」「将来的に勝てる技術は何か」という類の質問をいただくことが多い。あるいは、特定の技術を起点に将来の事業計画を描こうとする、いわゆる「ロードマップ信仰」のような例も多々ある。日本の技術力は高いし、一人一人のエンジニアは優秀だ。だが、そういう質問をすること自体が「技術」「モノづくり」の視点から自分の仕事を考えているように思える。求められるのは、自社の技術よりも、顧客価値の起点、すなわち、社会的な課題や必要とされているニーズから、既存の技術をつなげて、サービスやそれを後押しする技術を創造する力なのだ。

日本の自動車産業は、デザインシンキング、社会的な課題を考えられる人材育成を目指すべきだし、そのためには、モノづくりの重視からイノベーション創生へ、従来の人事制度や評価システムなどを変えていくような姿勢が求められているのではないかと考える。

日本の自動車産業の「弱み」

その2——垂直統合（系列）への強いこだわり

従来、モノづくりに特化してきた時代には、垂直統合型の組織による統率型の指令系統は有効に機能していた。製品の開発から、生産・販売にいたるまでの工程を一気通貫したビジネスモデルは、系列内での濃厚なコミュニケーションが要求され、かつ厳しい原価低減が求められる新車開発などに向いていた。真面目で協調性に優れる日本人の特性とも相性が良かったし、ノウハウの蓄積や機密情報の秘匿といったメリットもあった。

しかしながら、水平分業型の産業構造の勃興により、モノづくりは工程ごとのスペシャリストに任せて、コアの部分やノウハウが必要な部分のみを自社で行うというビジネスモデルが席巻した。すでに何度か述べたことだが、日本の家電業界はこの流れに遅れをとって完敗し、CASEによる産業構造の変化によって自動車業界にもこの大波が押し寄せている。いわゆる〝モジュール化〟の波である。一つの製品を構成する要素を機能別にまとまった基準単位（モジュール）に分けることで、各モジュールを外部のメーカーに発注しやすくなる。これがモジュール分業だ。

自動車の場合、家電と比べると、製品のポートフォリオ（組み合わせ）が幅広い。加えて、乗用車では、単なる道具以上に嗜好品の要素が強いため、デザインやマーケティングが重視され、多品種少量生産になりがちだ。そこで、基準となる単位＝モジュール化することで、製造コストの削減などといったメリットを享受することができる。一部の高級車ブランドを別とすれば、早晩、「自動車」という商品はコモディティ化する。モジュール分業はその流れにも沿っている。

モジュール化を進めている例としては、フォルクスワーゲンやトヨタの例が挙げられるだろう。

フォルクスワーゲンが「ＭＱＢ」と呼ばれるプラットフォーム（車体の基本となる骨格）を開発し、レゴブロックのように共通化された部品を組み合わせることで（ある程度の設計の自由度を確保しつつも）モジュール化するという手法をとっている。

この後を追う形でトヨタが採用したモジュール化戦略が「ＴＮＧＡ（トヨタ・ニュー・グローバル・アーキテクチャ）」だ。最適なドライビング・ポジションや低重心による走行安定性まで配慮している。プラットフォーム、パワートレイン、電装系、はては純正オイルまで、モジュール化され、ＴＮＧＡに基づいて設計される。

ただし、「ＭＱＢ」「ＴＮＧＡ」ともに、現時点では、モジュール化のメリットを享受しているとはいいがたい。各要素をレゴブロックのようにモジュール化しておきながら、結局、各ブロックを自社や自社の系列下にある部品メーカーで生産しているからだ。いわば、垂直統合型の産業構造の中に、開発プロセスだけ水平分業をとりいれているようなものだ。

むろん「水平分業」は手段であって目的ではないので、合理性があれば、垂直統合を選択してもよいのだが、垂直統合から外れるという選択肢も持っておかないと、従来のノウハウを踏襲したモノづくりのルールから脱却できず、ユーザー体験に基づいた自由な発想を起点としたイノベーションを興すことは難しいだろう。

水平分業型のビジネスモデルは、外部の声が入りやすくなり、それだけ未知のモノや技術が結び付くイノベーションの土壌になる。モノづくりの能力に劣っていても、あるいは巨大な資本や組織がなくても、ユーザー体験の視点からコンセプトを思いつけば、革新的なアイデアを形にすることができる。たとえば「ＧｏＰｒｏ」は、サーファーである創業者がスポーツ愛好家の視点から、「インスタ３６０」は動画クリエイターだった創業者の視点から、それぞれ開発されたカメラだ。水平分業をうまく取り入れると、モノづくりのノウハウが乏しくても、アイデア次第でヒットは生まれるのである。

日本の自動車産業の「弱み」

その3——自前主義

前述した「垂直統合への強いこだわり」は、せんじ詰めれば「自前主義」ということになる。先ほど、フォルクスワーゲンの「ＭＱＢ」を取り上げ、真の意味でのモジュール分業ができていないと指摘したが、同社ではその非を認め、新しい経営計画では、その是正を謳っている。

自社や自社グループ内で完結させようとする自前主義は、もはや時代の流れにはそぐわない。真の意味で自前主義から脱却するには、自社の事業領域や技術にこだわらないどころか、むしろ、異なるケイパビリティを持つプレイヤーと積極的に連携する必要がある。この場合のプレイヤーとは、国内に留まらない。

従来の日本企業にありがちな病の一つに、海外企業との協業へのアレルギー体質がある。２００９年にスズキとフォルクスワーゲンが締結した資本業務提携は、２年もたたないうちに破談となってしまった。フォルクスワーゲンの思惑は、長年、同社が失敗し続けてきた小型車開発のノウハウをスズキから得られるのではないかというものだったろう。

スズキが持つインドの販売網も魅力的だった。だが、提携後にフォルクスワーゲンがスズキへの出資比率を高めると示唆したことで、スズキは自ら〝離婚〟を申し出たのである。

日本人にとって、こうしたスズキの行動は美談に映る。だが、グローバルな視点から見れば、企業同士の資本提携というのは、一夫一妻制の結婚と同じように考えるべきではない。傘下におさまったとしても、ある程度の独立性を担保した状態で、グループ全体の戦略に組み込まれることでシナジーが生まれる。特に自動車産業では、要素技術は共有しつつ、デザインやマーケティングは個別に行い、ブランドごとの独立性を保ちながら資本を合理的に投じてシナジーを期待するというのは当たり前の理論である。海外企業との提携は手を組みたい事業のみ手を組めばよい。生真面目に一夫一妻制のような一蓮托生の契約だと考えるのはおかしい。

重要なのは、今の時代の買収は「敵対的買収」とは限らない、ということだ。日本では、買収というとどうしても「ハゲタカファンド（による敵対的買収）」のイメージを抱く人が多いが、現在の買収は「ある時は敵、ある時は友人」というフレネミーなメンバーが同じ事業環境の中で協力する、エコシステムの一員という眼で見るべきなのだ。CASEの延長線上にある世界は、現行の自動車産業にはない幅広い要素技術の活用が求められる。5Gからクラウド・コンピューティング、車載用半導体からセンサー類、はては、それらを活用した消費者への価値提供、ビジネスモデルの構築まで、これらは日本勢だけでなく、世界の自動車産業が求められていなかった類の技術や方策であることが多い。従来の系列内でこれらをすべて賄える可能性は限りなく低いと言わざるをえない。

日本が海外の企業とうまくいかない理由

日本企業が主導する形で外国の企業に資本提携を持ち掛けたり、買収を行ったりした場合には、さらに失敗するケースが目立つ。ＰＭＩ（ポスト・マージャー・インテグレーション）の不発、すなわち、Ｍ＆Ａ後の統合効果を最大化することができないのだ。ファイナンスを連携させるだけでなく、ＩＴシステムや人事制度を統合し、提携の効果を生む形で効率化し、ガバナンスを効かせなければならない。

失敗例にはいくつかのパターンがある。第一に、事前の検討が甘く、提携や合併後に、両者の事業体系が共食い（カニバリズム）の状態に陥ってしまうケースだ。第二に、日本の人事制度や給与体系がガラパゴス化している、あるいは、個々人の業務の領域の明確化、数値化された人事評価システムなど、欧米では当たり前のシステムが曖昧になっていることが原因で海外の人材をうまく組織に組み込めないというケースである。

これに対して、欧米中の企業では事業のビジョンを打ち立てた後に、必要な部品や素材を自前で開発できるか、コストや時間的要素をしっかり検討した上で、ニーズに応じて必要な機能をもつ企業を買収したり、提携したり、合弁企業を興したりと、積極的に外部と連携するのに長けている。その具体例は、第2章から第5章にかけてみてきたとおりだ。

日本の自動車産業が自前主義にこだわり続ければ、それだけ事業領域を限定してしまったり、開発に成功した技術がすでに時代遅れになっていたり、あるいは、開発してもエコシステムが分断しているなどの理由から商品化できなかったりという種々のリスクが高まることになる。繰り返しになってしまうが、これからの時代は、①まず社会的な問題や課題を見据え、②解決に向けたコンセプトを明確にしてから、③コアコンピタンスとなるであろう技術に特化して開発を行い、④その他は国内外の他社と手を組んだり、買収したりするなどしていく――そうした手法を構築してこそ、世の中に必要とされる事業を開拓することができるのだ。

日本の自動車産業の「弱み」

その4――電気・材料・IT系エンジニアの軽視

日本の自動車産業ではエンジニアに序列のようなものがある。頂点に君臨するのは、エンジン製作に携わるエンジニア、いわゆる「エンジン屋」である。

自動車には限られたスペースの中に機械がぎっしり詰まっている。ボディ、トランスミッション、電気系統などを担当する各エンジニアが、車両内部の熾烈な陣取り合戦を行うのだが、最も価値がある部品とされるエンジンを中心に配置が決まるために、それぞれの機械を担当するエンジニアたちにも自然と優先順位のようなものができる。

ホンダなどはその典型で、長年、「エンジン屋」が経営のトップを務めてきた。もちろん、一概にそれが悪いと言いたいわけではない。エンジン畑の出身者が経営のトップに立つというのはその人物自体が優秀であることの何よりの証明だったろうし、社内での尊敬を得ていることで調整役として機能する機会も多かったはずである。

しかし、世界中の自動車産業が電動化に大きく舵を切っている中で、エンジニアにも地殻変動のようなものが起こっている。より具体的にいえば、これまで自動車産業の中では軽く見られがちだった電気系、材料系のエンジニアの重要性が増しつつあるのだ。

従来、自動車メーカーには「カーエレ」と呼ばれる弱電（主に通信・制御に関する分野。電子工学）の設計者、エンジニアが大半を占めていたが、ハイブリッド車、電気自動車の開発に伴い、強電（主に電気をエネルギーとして活用する分野。電気工学）、あるいは、強電を弱電で制御するエンジニアの役割が大きくなっている。

材料系についても同様だ。ボディの強化、最新のセンサーや自動運転システムの搭載など、自動車の重量増加は必至の傾向にある。加えて、低燃費・低排ガスの流れもあって、ボディの軽量化が重要な課題となっている。その結果、欧州では特に、アルミやカーボン複合材のような軽量素材の開発・採用が進んでいる。アウディなどは「軽量デザインセンター」を設置して、カーボン複合素材やマグネシウム合金のような特殊な材料まで使いこなしている。つまり、以前に増して、自動車産業では電気や素材が重要な役割を担うシーンが増えている。

これが、「ソフト屋」と呼ばれるＩＴ系のエンジニアになると、日本の自動車産業では、まだヒエラルキーにも組み込まれていないような印象さえ受ける。言うまでもなく、コネクテッドの時代、自動運転の時代においては、自動車産業にとってＩＴのエンジニアはこれからますます欠かせない存在になっていくのは明らかである、にもかかわらずだ。

電気・材料・ＩＴ系のエンジニアの軽視（軽視という意識は企業側にはないかもしれないが、そのような風土は依然として残っている）を、日本の自動車産業は見直す必要があるように思われる。私（川端）がエンジニア出身であるからかもしれないが、国内の自動車産業を取材するたびに、エンジン屋を中心とする、「メカ屋至上主義」のような雰囲気を感じる。

たとえば、電機メーカーから優秀な電気系のエンジニアが自動車メーカーに転職してきたとする。ハイブリッドの制御ができる強みを活かして、パワートレインの花形部署に配属されるかと思いきや、依然として主役であるエンジンの補機類の担当になったりする。たいへん勿体《もったい》ないと思う。材料系に至っては、鉄以外の新素材はいまだに十把《じっぱ》一絡《ひとから》げの扱いをしているようなメーカーさえある。昨今注目される高分子材料や、アルミ他の軽量化素材については、専門としているエンジニアは相変わらず日陰のような位置に留め置かれているような印象を受ける。

「メカ屋至上主義」の是正は急務

ＩＴ系のエンジニアはもっと大変だ。世の中ではＩＴエンジニアは引っ張りだこなのに、自動車メーカーに入ると「メカ屋」が幅を利かせており、エンジニア同士で陣取り合戦を繰り広げているのだが、ソフトウェアは場所を取らないことから、その抗争に巻き込まれることさえない。自動運転のような高度なエンジニアリングを求められながら、「エンジン屋」のようなエンジニアに比べると肩身の狭い会社員生活を余儀なくされる。全員がそうだとは言わないが、他のＩＴ産業に勤めれば、もっといい給与や雇用待遇が期待できるかもしれない。今のような待遇で自動車メーカーに質の高いＩＴ系エンジニアが残りたくなるだろうかと問われると……甚《はなは》だ疑問と答えざるを得ない。すでに述べたように、日産ではＩＴエンジニアへの転換というプログラムを社内で始めたが、これは、（ＩＴ系エンジニアを）外部から集めてくるだけでは、数が足りないことの裏返しでもあるのではないか。

欧州のメーカーでも、エンジンをはじめとする機械系のエンジニアが力を持っていた時代があった。今でも一定の力を持っている。だが、その一方で、新しい時代の流れにあわせて変化が起きているのも、また事実である。フォルクスワーゲン・グループでは、チーフデジタルオフィサーに当時40代だった若手を起用した。BMWのCTOは生粋の「エンジン屋」だが、通信やIT技術への理解が深く、インテルやモービルアイのトップとも対等に話すほどの知識を持ち合わせている。また同社には最近、エリクソンやブラックベリー出身のエンジニアが大量に転職して、ちょっとした話題になった。ダイムラーのように、コネクテッド関連の決定はシリコンバレーの子会社に権限を委譲してしまい、ドイツの本社は車両技術に特化している、という例もある。こうした欧州勢の動きと比べると、やはり日本車メーカーの「メカ屋至上主義」は軌道修正が必要なのではないだろうか。

日本の自動車産業の「弱み」
その5——「形のないもの」にお金を払えない

日本の自動車産業の関係者の中には、GAFAをライバル視しているような発言をする方が時々いる。GAFAが自動運転車や電気自動車関連の開発・投資に積極的である以上、ライバル意識を持つのは理解できる。だが、当のＧＡＦＡの本音は次のようなものだ。

「ＰＬ（製造物責任）法があってリスクが高いモノづくりなんてやりたくない」

「一個一個プロダクトを製造しないと売れないなんて、効率が悪すぎる」

つまり、ＧＡＦＡは、自動車製造自体には何の興味もないのである。彼らが狙っているのは、自動車そのものではなく、コネクテッドや自動運転に付随するサービスや情報・データ・ソフトウェアにあるからだ。一方、日本の自動車産業は、今でもモノづくりにこだわっている（ように見える）し、モノを作らないと売り上げが立たないと思い込んでいる（ように見える）。もし、そのように考えているのだとしたら、その反対に、「なぜ、モノを作り続けないと売り上げが立たないのか」という視点から考えてみることをお勧めしたい。脚下照顧《きゃっかしょうこ》。自社の足元を見てみると、形のあるモノにばかり対価を見出していることに気づくはずである。

これは日本の製造業全般に言えることだが、「形のないもの」に対価を支払う決断が遅れがち――という悪癖がある。形があろうがあるまいが、その導入によってもたらされる成果が重要なはずだが、サービスやソフトは中古で転売ができないから購入に二の足を踏むといった前近代的な思考が、いまだに一部の日本企業には残っている。

今後さらにサービスや情報・データ・ソフトウェアへの需要、ビジネスモデルの機会が増えていくなかでは、「形のないもの」にお金を払えない、払わない企業は存続が難しくなっていくはずだ。そして、それは自動車産業も例外ではない。

そもそも、サービスや情報・データ・ソフトウェアに対し、的確な対価を払うことができなければ、GAFAに代表されるようなネットでつながる産業と対等にビジネスを行っていくことが困難になる。情報収集やネットワークの構築にもお金は必要だし、自社の事業を支援・拡大してくれるサービス事業者を支援する必要もある。

デジタルの時代、コネクテッドの時代には、データをオープンに管理し、他社との連携を行うことでデータを共有し、適宜フィードバックを行うことで、よりユーザーが使いやすいプラットフォームに改良し、エコシステム全体の価値を高めていく――というビジネスモデルが一般化する。自動車産業にとっては、その一つの形態がコネクテッドになった時代のモビリティサービスなのだ。

「形のないもの」への偏見を捨てなければ、このエコシステムの中で激化する生存競争にはついていけなくなるだろう。

やや辛口な物言いになってしまったが、後半で掲げたこの五つの弱みを改善できれば、個々の優れた技術を持っている日本の自動車産業にはまだまだ世界と戦う力が十分にあると確信している。

おわりに

桑島浩彰

本書では、日本を中心にグローバルに活動する自動車ジャーナリストの川端由美、およびシリコンバレーを中心にグローバル自動車産業の構造変化を見ている桑島浩彰の両名で、日々刻々と変化するグローバル自動車産業の変遷、および変化待ったなしの日本の自動車産業への提言を記述した。その動機は率直に日本の自動車産業に対する危機感である。

この文章を書いている今も、フォックスコンなどによるEVのファブレス生産参入のニュースや、日本国外における、EVの基幹部品であるバッテリー工場のライン増強のニュースが毎日のように報道されている。また「はじめに」で川端が述べたように、自動車が「oT」の一部になった場合に必要とされるコア技術において、日本がグローバルに優位性を持っている領域は圧倒的に少ない。にもかかわらず、変化に対する動きが緩慢で、従来のサプライチェーンの構造を維持したままでこの荒波に立ち向かおうとしている日本の自動車産業の姿に、自らも自動車産業の一端に関わる者として、種々の批判は覚悟しつつも、やむに已まれず筆を執ったというのが正直なところである。

自分は１９８０年生まれだが、バブルに沸く日本経済のもと、当時小学生として受けた社会の授業で鮮明に記憶しているのは、世界第2位の経済大国として、自動車・電機・半導体・鉄鋼・造船・石油化学など、各基幹産業が世界的な競争力を保持し、米国との貿易摩擦が激化する中でいかに世界との調和を図っていくか、という問いかけだった。それが中学生となった１９９３年以降、一つまた一つと日本の基幹産業が国際競争力を失う姿を見せつけられ、とうとう最終消費財で当時の競争力を今も維持しているのはほぼ自動車産業だけになってしまった。そして、その自動車産業までもが、急速なデジタル化とサプライチェーンの水平分業の流れを受け、その競争力を侵食されようとしている。

日本最大の雇用者数を抱える自動車産業の競争力を維持するために、自動車産業に関わる全ての人間は、今一度その現実を直視せずして、先人たちが築き上げたこの産業基盤を守り、発展させることはできない。まだかろうじて比較優位性のある今のうちに、何としても次世代のモビリティ産業に必要な要素技術の獲得や開発を必死になって進めなければならない。今何をしなければならないかについてのヒントは、本書の随所にちりばめたつもりだ。

日本の外を見てみると、この１００年に一度とも言われる自動車産業の変革の中で、米国・欧州・中国のプレイヤーが死に物狂いで変化を遂げようとしている姿がお分かりいただけたのではないかと思う。日本は島国ということもあり、なかなか日本国外の情報が伝わりにくく、変化に関する情報が伝播するのにどうしてもタイムラグが発生してしまう（自分も雪深い北陸地方に育ったものとして、その感覚が切実にある）。一方でこのタイムラグが、急速な産業変化において致命的な事態を招く恐れがある。今の自動車産業の変化のスピードを日本の外から見ていると、もはや日本の自動車産業は致命的な状況にあるのではないか――率直にそのような思いを持つ機会も多いが、ただ嘆息しているだけでは無責任であると感じ、本書を執筆した。

本書の執筆にあたっては、共著者の川端由美氏を始め、幾度となく原稿遅延やスケジュール変更に粘り強く対応いただいた講談社現代新書の青木肇編集長には感謝してもしきれない思いだ。そもそも本書の執筆のきっかけを与えてくれた山本康正氏、自動車産業のコンサルタントとして活躍されている貝瀬斉氏、中国自動車産業に関し貴重な助言を頂いたDANNY Pro.（板谷工作室）の板谷俊輔氏、安田敦子氏、株式会社N&Sパートナーズの加藤秀行氏及び宮澤亨氏、コンダクティブ・ベンチャーズのポール・イェ氏、また作業上沢山の力を貸していただいた和泉亜弥沙氏にも深く御礼申し上げたい。また、桑島が自動車産業に本格的に関心を持つきっかけを与えてくれたVISITS Technologiesの井上友貴氏および経済産業省シリコンバレーD－Labプロジェクトメンバー陣を始め、本書執筆のベースとなったシリコンバレーでの研究環境を提供いただいたカリフォルニア大学バークレー校ハース経営大学院のジョン・メッツラー氏、スタンフォード大学経営大学院のスヴェン・ベイカー氏、および同大学アジア太平洋研究センター櫛田健児氏にもここで深く感謝の気持ちを申し上げたい。本書執筆にあたり、率直な議論に応じて頂いたすべての国内自動車産業関係者、政府関係者にも深く感謝している。

最後に、週末返上で一心不乱に執筆に勤しむ姿を温かく見守ってくれた妻の麻子、息子の陽太郎、そして普段米国にいて姿の見えない息子を応援してくれている両親そして姉、妻麻子の家族に最大限の感謝の気持ちを述べて、筆を置きたい。

謝辞

川端由美

本書の執筆にあたって、ものごとの本質に立ち返って考える素養を与えてくれた群馬大学大学院、新卒で入社した部品メーカーでは技術が社会にどう貢献できるかを学ぶ好機を得たことに感謝している。とくに大学院時代の恩師である太田悦郎・荒井健一郎両教授には、お礼の申し上げようもない。編集者としての一歩を踏み出させてくれた二玄社の諸先輩方、その中でも、元『NAVI』編集長（現『GQ JAPAN』編集長）鈴木正文氏、元『カーグラフィック』編集長（現・カーグラフィック社代表）加藤哲也氏には、特段の謝意を述べたい。『カーグラフィック』創刊編集長である故・小林彰太郎氏、『NAVI』編集部員時代に担当させていただいた故・徳大寺有恒氏がご存命であれば、出来のご報告にうかがいたかった。天の上で喜んでくださっているであろうと同時に、拙文への厳しいお言葉をいただくに違いない。

フリーランスとして最初の連載を持たせてくださった元『日経オートモーティブ』編集長・鶴原吉郎氏、現在はきづきアーキテクト代表であり、本書の共同著者である桑島浩彰氏をご紹介いただいた長島聡氏には、長きにわたってご指導いただいていることへの謝辞をお伝えしたい。

20年以上にわたって取材をさせていただいている自動車および部品メーカーの方々には、それぞれに深く感謝の意を表したい。本書であえて歯に衣着せぬ物言いをした理由は、自動車への愛情を人一倍持つがゆえの行動とご理解いただきたい。『日本車は生き残れるか』というタイトルを掲げたが、これは欧米の自動車メーカーも同じ立場である。地方に育った筆者にとって、自動車は世界を垣間見る窓だった。スバルのお膝元の地域で育ち、自動車に関わりたくて工学部に進学した。仕事として関わるようになった今、クルマのことを考えない日は一日もない。

最後に、16歳で軽自動車運転免許を取って、日本グランプリを生で見たのが自慢の母・文子に感謝したい。彼女の理解がなかったら、本書の執筆には至らなかっただろう。息子・謙太朗は無類のクルマ好きというわけではないが、本書の執筆中に運転免許を取得し、かつて母が筆者にしてくれたように、今度は筆者が運転を教えている。四半世紀が経った後、息子が本書を手にとって、筆者から受け継いだ何かを感じ取ってくれることを願っている。

N.D.C. 335　238p　18cm
ISBN978-4-06-523529-4

PHOTO：AFLO（P73、77、86、97、126）、
General Motors（P55）、
FORD（P67）

講談社現代新書　2617
日《に》本《ほん》車《しゃ》は生《い》き残《のこ》れるか
二〇二一年五月二〇日第一刷発行

著　者　桑島浩彰《くわじまひろあき》　川端由美《かわばたゆみ》　© Hiroaki Kuwajima, Yumi Kawabata 2021
発行者　鈴木章一
発行所　株式会社講談社
東京都文京区音羽二丁目一二―二一　郵便番号一一二―八〇〇一
電　話　〇三―五三九五―三五二一　編集（現代新書）
〇三―五三九五―四四一五　販売
〇三―五三九五―三六一五　業務
装幀者　中島英樹
印刷所　豊国印刷株式会社
製本所　株式会社国宝社
定価はカバーに表示してあります　Printed in Japan

「講談社現代新書」の刊行にあたって

教養は万人が身をもって養い創造すべきものであって、一部の専門家の占有物として、ただ一方的に人々の手もとに配布され伝達されうるものではありません。

しかし、不幸にしてわが国の現状では、教養の重要な養いとなるべき書物は、ほとんど講壇からの天下りや単なる解説に終始し、知識技術を真剣に希求する青少年・学生・一般民衆の根本的な疑問や興味は、けっして十分に答えられ、解きほぐされ、手引きされることがありません。万人の内奥から発した真正の教養への芽ばえが、こうして放置され、むなしく滅びさる運命にゆだねられているのです。

このことは、中・高校だけで教育をおわる人々の成長をはばんでいるだけでなく、大学に進んだり、インテリと目されたりする人々の精神力の健康さえもむしばみ、わが国の文化の実質をまことに脆弱なものにしています。単なる博識以上の根強い思索力・判断力、および確かな技術にささえられた教養を必要とする日本の将来にとって、これは真剣に憂慮されなければならない事態であるといわなければなりません。

わたしたちの「講談社現代新書」は、この事態の克服を意図して計画されたものです。これによってわたしたちは、講壇からの天下りでもなく、単なる解説書でもない、もっぱら万人の魂に生ずる初発的かつ根本的な問題をとらえ、掘り起こし、手引きし、しかも最新の知識への展望を万人に確立させる書物を、新しく世の中に送り出したいと念願しています。

わたしたちは、創業以来民衆を対象とする啓蒙の仕事に専心してきた講談社にとって、これこそもっともふさわしい課題であり、伝統ある出版社としての義務でもあると考えているのです。

一九六四年四月　野間省一